坂田薫の 化学講義

［ 無 機 化 学 ］

化学講師
坂田薫
著

文英堂

はじめに

みなさん，こんにちは。

みなさんは無機化学にどんなイメージをもっていますか。もし「ひたすら暗記する分野」や「入試の前にパパッと覚えればいい分野」といったイメージをもっていたら，この本をぜひ読んで欲しいと思います。

まず，化学反応式のほとんどはその場でつくることができるため，暗記ではありません。そして，化学反応式をつくることができれば，理論化学や有機化学の勉強もスムーズに進みます。

よって，無機化学での最大の目標は「反応をしっかりと学び，化学反応式をつくることができるようになる」ことです。

そのために，この本では最初に「反応の理解」と「化学反応式をつくるトレーニング」に徹しています。学校で習う順番と違うので最初は戸惑うかもしれませんが，最初に反応をクリアすることでその先の暗記量は激減し，無機化合物，金属元素，非金属元素の勉強もスムーズになります。信じて読み進めてください。

そして，化学反応式をつくることができるようになる最短の道は「手を動かして書く」ことです。ただ読むだけではなく，必ず書いて練習してください。

最後に，どの分野でも同じですが，初めは理解に時間がかかり，苦しく投げ出したくなる瞬間があると思います。そのときは，第1志望に合格した自分や，憧れの職業に就いている未来の自分を想像し，この本を信じて踏ん張ってください。

みなさんの夢の実現を，この本を通じて応援しています。

本書の特長

[講義]

「なぜ？」がわかる本質をとらえた解説と、わかりやすいイメージ図で説明しています。大事な用語は赤太字と青色マーカーで、入試に必要な知識は赤波線で説明しています。

重要TOPIC

これから説明することの重要なポイントを示しています。さらにくわしく知りたいときは、説明へ進みましょう。

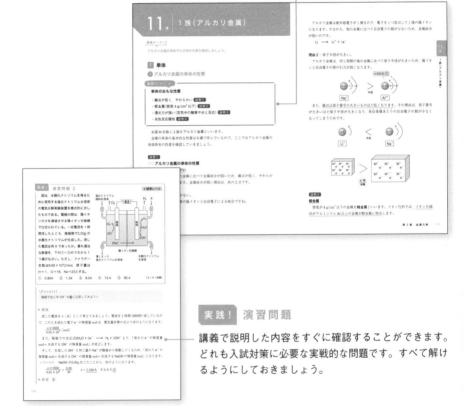

実践！ 演習問題

講義で説明した内容をすぐに確認することができます。どれも入試対策に必要な実戦的な問題です。すべて解けるようにしておきましょう。

入試への＋α

発展的な内容ですが、理解をより深められる内容を載せています。難関大を受験する人は、読んでおきましょう。

Q＆A

受験生が疑問に思いやすいことや、入試に役立つ内容を、Q＆A形式で載せています。ばっちり疑問に答えます！

[入試問題にチャレンジ]

章のまとめとして最適な入試問題を精選して掲載しました。学んだ知識をしっかりと使いこなせるかどうか，ここで確認しましょう。

また，解き方のポイントをわかりやすく説明した解説動画もチェックすれば，さらに力をつけることができます。

入試問題の特別解説動画も CHECK!!

2〜4章の章末にある「入試問題にチャレンジ」のポイント解説動画を，Webで無料公開しています。

【視聴方法】

● **スマートフォン・タブレットをお使いの方**

「入試問題にチャレンジ」の解説ページにある QR コードを読みこみ，URL にアクセスしてください。

▶ ▶ ▶ 動画もCHECK

● **パソコンをお使いの方**

文英堂の Web サイト www.bun-eido.co.jp にアクセスしてください。『坂田薫の化学講義[無機化学]』のページを開き，動画一覧からご覧になりたい動画の番号をクリックしてください。

【ご注意】

・動画は無料でご視聴いただけますが，通信料金はお客様のご負担となります。

・すべての機器での動作を保証するものではありません。

・やむを得ずサービス内容に変更が生じる場合があります。

QR コードは(株)デンソーウェーブの登録商標です。

CONTENTS

第 **1** 章

無 機 化 学 の 反 応

講義テーマ！

酸や塩基としてはたらく物質を理解しましょう。

1 代表的な酸と塩基

1 主な強酸と強塩基

重要TOPIC 01

強酸・強塩基

・強酸：H_2SO_4，HCl，HNO_3，HBr，HI，$HClO_4$ 説明①

・強塩基：KOH，NaOH，$Ba(OH)_2$，$Ca(OH)_2$ 説明②

　酸と塩基の反応を理解し，化学反応式をつくれるようになるために，まず，酸としてはたらく物質，塩基としてはたらく物質の判断が必要になります。

　その第一歩として，強酸・強塩基が頭に入っているか確認しておきましょう。

説明①

[1] 強酸(strong acid → SA)

　硫酸 H_2SO_4，塩酸 HCl，硝酸 HNO_3，臭化水素酸 HBr，ヨウ化水素酸 HI，
過塩素酸 $HClO_4$

　強酸以外の酸はすべて，弱酸(weak acid → WA)と判断しましょう。

説明②

[2] 強塩基(strong base → SB)

　水酸化カリウム KOH，水酸化ナトリウム NaOH，水酸化バリウム $Ba(OH)_2$，
水酸化カルシウム $Ca(OH)_2$

　強塩基以外の塩基はすべて，弱塩基(weak base → WB)と判断しましょう。

❷ オキソ酸と水酸化物

　ある物質が酸か塩基かを判断するとき，**電気陰性度(χ)** の大きさから考えることができます。

　まず，水中において，結合は電気陰性度の差が大きいほど切れやすくなります。

$$A : B \qquad\qquad A : B$$

$$\chi_A \fallingdotseq \chi_B \qquad\qquad \chi_A < \chi_B$$

　　比べて切れにくい　　　　　　比べて切れやすい

　上図では，左(χの差が小さい)より，右(χの差が大きい)の方が，比べて結合が切れやすくなります。

　これが原因で，XOH という構造をもつものは，酸にも塩基にもなります。

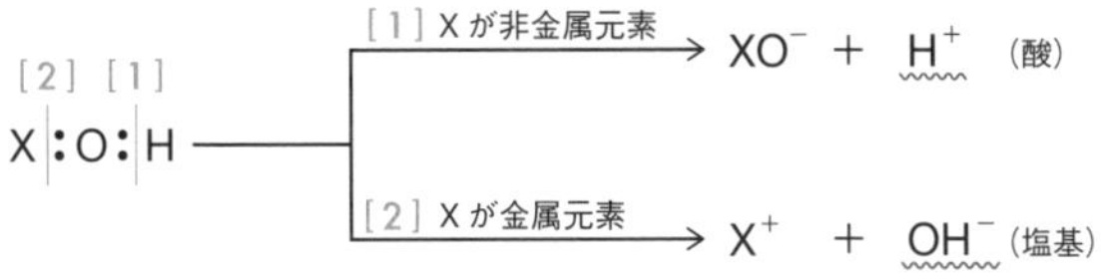

$$\underset{[2]\ [1]}{X : O : H}$$

[1] X が非金属元素 $\longrightarrow XO^- + H^+$ (酸)

[2] X が金属元素 $\longrightarrow X^+ + OH^-$ (塩基)

重要TOPIC 02

XOH 型

・X が非金属元素→オキソ酸(酸) 説明①

　化学式(H を前に出して書く)と実際の構造(−OH あり)が異なるので注意！

例 硫酸

　化学式　H_2SO_4　　構造

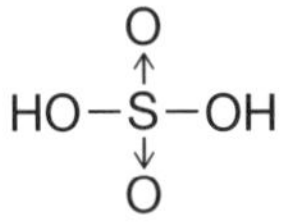

$$\overset{O}{\underset{O}{HO-S-OH}}$$

[1] Xが非金属元素のとき→オキソ酸

水素Hは，非金属元素の中で電気陰性度 χ が小さい元素（$\chi_H = 2.2$）です。

よって，基本的に水素H以外の非金属元素は，電気陰性度 $\chi > 2.2$ となります。

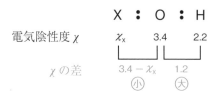

電気陰性度 χ の差に注目すると，

X－O 結合 ➡ $\chi_X > 2.2$ より電気陰性度 χ の差は $3.4 - \chi_X < 1.2$

O－H 結合 ➡ $3.4 - 2.2 = 1.2$

となり，O－H結合の方が比べて切れやすいことになります。

以上より，Xが非金属元素のとき，XOHはXO$^-$とH$^+$に電離するため，**酸とし**
てはたらきます。

X－O－H $\longrightarrow$ XO$^-$＋H$^+$

このような，分子中に酸素を含むXOH型の酸を**オキソ酸**といいます。

オキソ酸の構造

オキソ酸は酸素原子をもつ酸のことです。

例 硫酸 H_2SO_4，硝酸 HNO_3，リン酸 H_3PO_4

化学式を見れば，オキソ酸であることはすぐに判断できます。しかし，構造を
書くことはできません。それは，構造と化学式が一致しないからです。

例 硫酸

化学式 H_2SO_4　構造

$$
\begin{array}{c}
\text{O} \\
\uparrow \\
\text{HO}-\text{S}-\text{OH} \\
\downarrow \\
\text{O}
\end{array}
$$

オキソ酸の化学式は、酸であることを強調するため、水素Hを前に出して書きます。

例 H_2SO_4, HNO_3, H_3PO_4

よって、HとOは離れているように見えますが、実際は「－OH」という構造をとっています。オキソ酸には「－OHがある」ことを意識して、構造式の書き方を確認してみましょう。

書き方① －OHの数（Hの数と一致）を確認する

H_2SO_4にはH原子が2つあるため、－OHを2つもつことになります。

書き方② 中心元素Xの電子式を書き、不対電子に－OHを結合させる

硫黄Sは16族なので、最外殻電子は6個。そして不対電子は2個です。この不対電子2個に、－OHをそれぞれ結合させます。

不対電子

不対電子

$$\overset{\cdot}{\underset{\cdot}{\vdots}}\,\ddot{S}\,\cdot \longrightarrow HO \vdots S \vdots OH$$

書き方③ 不対電子が残っていれば対（非共有電子対）にし、残った酸素O原子を、非共有電子対に結合（共有もしくは配位）させる

S原子には不対電子が残っておらず、かつ、この時点でS原子はオクテット（最外殻にある電子が8個）なので、配位結合でO原子2つを結合させます。

$$HO \vdots \ddot{S} \vdots OH \longrightarrow HO \vdots \overset{\vdots \ddot{O} \vdots}{\underset{\vdots \ddot{O} \vdots}{S}} \vdots OH \quad \left(HO - \overset{\overset{O}{\uparrow}}{\underset{\underset{O}{\downarrow}}{S}} - OH \right)$$

S原子はオクテット

これでオキソ酸の構造ができあがりますが、書き終わった後、中心元素がオクテットになっているか、確認する習慣をつけましょう。

確認してみると、中心元素の周りの電子が8個より少なかったり多かったりしていることが、意外にあるものですよ。

次のオキソ酸の構造式を，例にならって
書きなさい。

① 塩素酸 $HClO_3$　　② 硝酸 HNO_3

(例)

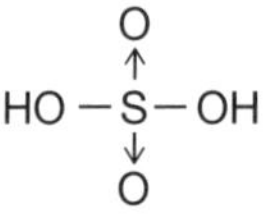

$$O$$
$$\uparrow$$
$$HO-S-OH$$
$$\downarrow$$
$$O$$

\Point!/

オキソ酸には必ず $-OH$ がある !!

▶ 解説

① H原子1つ → $-OH$ 1つ ◀ \Point!/

　まず，Cl原子の不対電子1個に $-OH$ を結合させます（この時点
でCl原子はオクテット）。

　次に，残ったO原子2つを配位結合で結合させます。

$$O$$
$$\uparrow$$
$$O \leftarrow Cl - OH$$

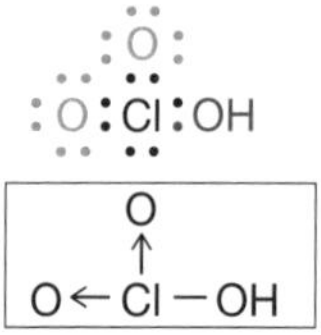

② H原子1つ → $-OH$ 1つ ◀ \Point!/

　N原子の不対電子1個に $-OH$ を結合し，残った不対電子2個を対にします。

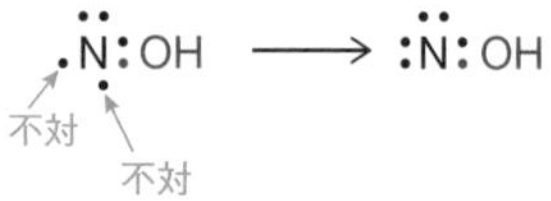

$$.\ddot{N}\!:\!OH \longrightarrow :\ddot{N}\!:\!OH$$

不対 不対

この時点でN原子はまだオクテットではないため，残ったO原子1つを共有結合（すなわち二重結合）で結合させます。

これでN原子がオクテットになったため，もう1つのO原子は配位結合で結合させます。

$$:\ddot{N}\!:\!OH \longrightarrow :\ddot{O}\!::\!\ddot{N}\!:\!OH \longrightarrow O::\ddot{N}\!:\!OH$$

オクテット

Nがオクテットではない

$$O$$
$$\uparrow$$
$$O = N - OH$$

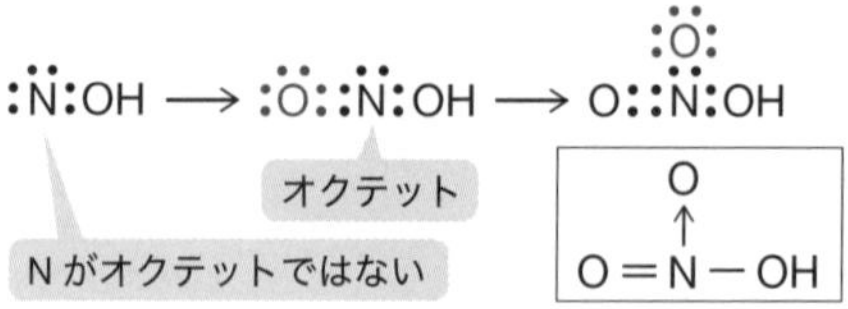

▶ 解答　**解説参照**

重要TOPIC 03

XOH型

- X が金属元素→水酸化物(塩基) 説明①

例 水酸化ナトリウム

化学式　NaOH　　構造　Na － OH

説明①

[2] X が金属元素のとき→水酸化物

水素 H 原子の電気陰性度 χ（$\chi_H = 2.2$）は，非金属元素の中では小さいですが，金属元素と比べると大きい数値です。

$$X \quad : \quad O \quad : \quad H$$

電気陰性度 χ　　χ_x　　3.4　　2.2

χ の差　　　3.4 $-\chi_x$　　1.2

（大）　　（小）

電気陰性度 χ の差に注目すると，

X－O 結合 ➡ $\chi_x < 2.2$ より電気陰性度 χ の差は $3.4 - \chi_x > 1.2$

O－H 結合 ➡ $3.4 - 2.2 = 1.2$

となり，X－O 結合の方が比べて切れやすいことになります。

以上より，X が金属元素のとき，XOH は X^+ と OH^- に電離するため，**塩基**としてはたらきます。

$$X-O-H \longrightarrow X^+ + OH^-$$

このような水酸化物イオン －OH をもつXOH型の塩基を**水酸化物**といいます。

水酸化物は，化学式と構造が一致している（－OH をもつことがわかる）ため，オキソ酸のように構造を書く練習は必要ありません。

例 水酸化ナトリウム

化学式　NaOH　構造　Na － OH

オキソ酸や水酸化物の強弱

オキソ酸の強弱

強いオキソ酸(XOH)の条件は以下の2つです。

①X原子の電気陰性度 χ が大きい

OH間の共有電子対は電気陰性度 χ が大きいO原子の方に偏っていますが，X原子の電気陰性度 χ が大きいと，OH間の電子対がさらにO原子の方へ偏り，H^+ が電離しやすくなります。

Xが引っぱる

$$X \leftarrow O\!:\!H$$

e^-対がO原子の方へ偏る

よって，X原子の電気陰性度 χ が大きいオキソ酸ほど強い酸といえます。

②X原子の酸化数が大きい(XOHに含まれるO原子の数が多い)

O原子は電気陰性度 χ の大きい原子なので，O原子が多いと，X原子の電子が引っぱられ，結果的にOHの極性が大きくなり，H^+ が電離しやすくなります。

O原子が引っぱる　引っぱる

$$O \leftarrow X \leftarrow O\!:\!H$$

e^-対がO原子の方へ偏る

よって，O原子の多いオキソ酸，すなわちX原子の酸化数が大きいオキソ酸ほど強い酸といえます

水酸化物の強弱

強い水酸化物(XOH)の条件は以下の2つです。当然，オキソ酸の逆になります。

①X原子の電気陰性度 χ が小さい

例 NaOHとKOHではどちらが強い塩基？

K原子の方がNa原子より電気陰性度 χ が小さいため，KOHは比べて強い塩基となります。

②X原子の酸化数が小さい(水酸化物に含まれるO原子の数が少ない)

例 NaOHと $Mg(OH)_2$ ではどちらが強い塩基？

NaOHの方がO原子の数が少ないため，比べて強い塩基となります。

③ 酸素の化合物

重要TOPIC 04

XO 型（酸化物）

$$XO + H_2O \longrightarrow XOH型!$$

$$\left(
\begin{array}{c}
X = O \\
O + H \\
| \\
H
\end{array}
\longrightarrow
\begin{array}{c}
X - O \\
| \quad | \\
O \quad H \\
| \\
H
\end{array}
\right)$$

・X が非金属元素→酸性酸化物 説明①

　例　二酸化炭素 CO_2

　　　　$CO_2 + H_2O \longrightarrow H_2CO_3$

・X が金属元素→塩基性酸化物 説明②

　例　酸化カルシウム CaO

　　　　$CaO + H_2O \longrightarrow Ca(OH)_2$

・X が両性金属の元素→両性酸化物 説明③

　酸とも強塩基とも反応して溶ける

　例　酸化アルミニウム Al_2O_3

　XO 型の物質は酸素の化合物で，酸化物とよばれます。H 原子をもたないため，酸としても塩基としてもはたらかないように見えます。

$$XO \quad \text{— } H^+ も OH^- も出せない……$$

　しかし，H_2O と反応させると XOH 型に変化することがわかります。

　X が O 原子1つと結合している分子を例として，確認してみましょう。

例　$XO + H_2O \longrightarrow X(OH)_2$

$$
\begin{array}{c}
\overset{\delta+}{X} = \overset{\delta-}{O} \\
\underset{\delta-}{O} - H^{\delta+} \\
| \\
H
\end{array}
\longrightarrow
\begin{array}{c}
X - O \\
| \quad | \\
O \quad H \\
| \\
H
\end{array}
$$

$$XOH型!$$

この，XO型にH_2Oを加えてXOH型に変える作業は，今後，化学反応式を書く上でとても大切になります。H_2Oと反応しない酸化物でも，形式的にH_2Oを加えてXOH型に変えることが必要になります。

手を動かして，しっかり練習しておきましょう。

説明①

［1］Xが非金属元素のとき→酸性酸化物

X原子が非金属元素のとき，XO型にH_2Oをくっつけて生じるXOH型はオキソ酸です。水と反応して酸を生じる酸化物を**酸性酸化物**といいます。

例　二酸化炭素CO_2

→C原子は非金属元素なので，H_2Oとくっついてオキソ酸になります。生成物の化学式は，H原子を前に出し，HXOの形で書きましょう。

$$CO_2 + H_2O \longrightarrow H_2CO_3$$

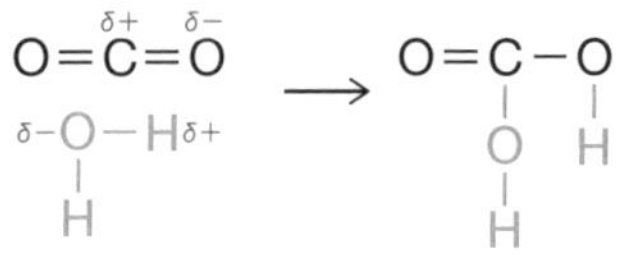

H_2CO_3

説明②

［2］Xが金属元素のとき→塩基性酸化物

X原子が金属元素のとき，XO型にH_2Oをくっつけて生じるXOH型は水酸化物です。水と反応して塩基を生じる酸化物を**塩基性酸化物**といいます。

例　酸化カルシウムCaO

→Ca原子は金属元素なので，H_2Oとくっついて水酸化物になります。生成物の化学式は，OHをセットにして，XOHの形で書きましょう。

$$CaO + H_2O \longrightarrow Ca(OH)_2$$

[3] Xが両性金属の元素のとき→両性酸化物

X原子が両性金属の元素のとき，XO型は，酸とも強塩基とも反応します。このように，酸とも強塩基とも反応する酸化物を**両性酸化物**といいます。

そして，両性酸化物が H_2O とくっついてできる XOH 型の化合物を**両性水酸化物**といいます。

例　酸化アルミニウム Al_2O_3

→ Al 原子は両性金属の元素なので，H_2O とくっついて両性水酸化物になります。OH をセットにして，XOH の形で化学式を書きましょう。

$$Al_2O_3 + 3H_2O \longrightarrow 2Al(OH)_3$$

（Al_2O_3 に Al が 2 つあるので，$Al(OH)_3$ の係数は 2 であり，H 原子の数をそろえるように考えると，H_2O の係数は 3 になります。）

Al_2O_3 が酸や強塩基とも反応する化学変化は，13講（→ p.192）でゆっくりと確認していきましょう。

[4] XOH 型から XO 型

XOH 型の化合物は，基本的に加熱すると脱水が起こり XO 型になります。

$$XOH \xrightarrow{\text{熱}} XO + H_2O$$

例　水酸化カルシウム $Ca(OH)_2$

$$Ca(OH)_2 \xrightarrow{\text{熱}} CaO + H_2O$$

例外として，水酸化銀 AgOH は常温で脱水が進行し，酸化銀 Ag_2O に変化します（→ p.57）。

次の酸化物①〜③が水と反応するときの化学反応式を書きなさい。

① 二酸化硫黄 SO_2　　② 五酸化二窒素 N_2O_5　　③ 酸化ナトリウム Na_2O

\Point!/

X 原子が非金属ならオキソ酸‼ 金属なら水酸化物‼

▶ 解説

① S 原子は非金属元素なので，H_2O とくっついてオキソ酸になります。◀ \Point!/

H 原子を前に出し，HXO の形で化学式を書くと H_2SO_3（亜硫酸）になります。

$$SO_2 + H_2O \longrightarrow H_2SO_3$$

ちなみに，オキソ酸（H_2SO_3）の構造から H_2O を取ると酸化物の構造を書くことができます。いきなり SO_2 の構造を書くより易しいですね。

$$O \leftarrow S - OH \xrightarrow{-H_2O} O \leftarrow S = O$$
$$\boxed{OH} \qquad \boxed{SO_2}$$

② N 原子は非金属元素なので，H_2O とくっついてオキソ酸になります。◀ \Point!/

H 原子を前に出し，HXO の形で化学式を書くと $H_2N_2O_6$ になりますが，こんなオキソ酸は見たことありませんね。2 でくくってみましょう。

$$N_2O_5 + H_2O \longrightarrow H_2N_2O_6 \longrightarrow 2HNO_3$$

①と同様，HNO_3 2 分子から H_2O を取ると，N_2O_5 の構造をつくることができます。

$$O=N-\boxed{OH} \quad HO-N=O \xrightarrow{-H_2O} O=N-O-N=O$$
$$\boxed{N_2O_5}$$

③ Na 原子は金属元素なので，H_2O とくっついて水酸化物になります。◀ \Point!/

OH をセットにして XOH の形で化学式を書くと NaOH 2 分子になります。

$$Na_2O + H_2O \longrightarrow 2NaOH$$

▶ 解答　① $SO_2 + H_2O \longrightarrow H_2SO_3$　② $N_2O_5 + H_2O \longrightarrow 2HNO_3$
③ $Na_2O + H_2O \longrightarrow 2NaOH$

4 水素の化合物

重要TOPIC 05

XH型

- X が16，17族→酸 説明①

  例外：X が酸素 O 原子のとき　H_2O は中性
- X がアルカリ金属，アルカリ土類金属→(強)塩基 説明②
- X が15族→(弱)塩基 説明③

XH 型は，具体的な物質から液性が答えられるので，基本的にそれで十分です。

例　アンモニア NH_3→塩基性　　塩化水素 HCl →酸性

　　水素化ナトリウム NaH →塩基性

説明①

［1］X が16，17族のとき→酸

例　硫化水素 H_2S，塩化水素 HCl

H 原子より X 原子の方が電気陰性度 χ が大きいため，X^- と H^+ に電離し，酸
としてはたらきます。

$$H :X \longrightarrow H^+ + X^-$$
$$\chi_H < \chi_X$$

ただし，X が O 原子のときの XH 型は H_2O であるため，中性です。

［2］Xがアルカリ金属，アルカリ土類金属のとき→(強)塩基

例　水素化ナトリウム NaH，水素化カルシウム CaH_2

H原子の方が，X原子より電気陰性度χが大きいため，X^+ と H^- に電離します。

$$X \mathbin{:} H \longrightarrow X^+ + H^-$$
$$\chi_X < \chi_H$$

そして，H^- が $H_2O(H^+OH^-)$ の H^+ と反応して H_2 になり，OH^- が生じるため，塩基性を示します。

$$\underline{H^-} + H_2O \longrightarrow \underline{H_2} + OH^-$$
$$(H^+OH^-)$$

［3］Xが15族のとき→(弱)塩基

例　アンモニア NH_3

X原子のもつ非共有電子対に H_2O の H^+ が配位結合し，OH^- が生じるため，塩基性になります。

2講 | 酸・塩基の反応②

講義テーマ！

酸と塩基が関わる反応の化学反応式をつくることができるようになりましょう。

1 中和反応

1 中和反応の化学反応式

重要TOPIC 01

中和反応

・酸と塩基の反応 [説明①]

$$H^+ + OH^- \longrightarrow H_2O$$

・XO型，NH_3が反応物に含まれるとき [説明②]

→ 形式的に H_2O を加える

H_2O は非常に電離度が低く，ほとんど電離していません。見方を変えると，H^+ と OH^- はくっつきやすいのです。

$$H_2O \rightleftarrows H^+ + OH^-$$
起こりやすい

よって，水中で H^+ と OH^- が出会うと，くっついて H_2O になります。これが**中和反応**です。

$$H^+ + OH^- \longrightarrow H_2O$$

水中で H^+ を出す物質は酸，OH^- を出す物質は塩基なので，酸と塩基の反応といえます。

[1] H^+ と OH^- が見えているとき

　反応物に H^+ と OH^- が見えているときは，中和反応であることにすぐに気づくことができます。

　　　$HCl + NaOH \longrightarrow$　中和反応!!

　そのまま H^+ と OH^- をくっつけて H_2O にし，残りのイオンどうしで塩をつくりましょう。

　　　$HCl + NaOH \longrightarrow H_2O + NaCl$

[2] H^+ や OH^- が見えていないとき

　反応物に XO 型や NH_3 が含まれているときは，H^+ や OH^- が見えません。このときは，形式的に H_2O を加えて，H^+ や OH^- をつくり出しましょう。

例　$CO_2 + H_2O \longrightarrow H_2CO_3$（$H^+$ が見える!!）
　　$NH_3 + H_2O \longrightarrow NH_4^+ + OH^-$（$OH^-$ が見える!!）

　この作業をしなくても，中和反応の化学反応式をつくることができる人もいると思います。

　しかし，今後，この作業が必須の化学反応が登場します。

　特に，XO 型に H_2O を加える作業は，手を動かして練習しておきましょう（→ p.74）。

化学反応式を書く手順

例　塩酸 HCl と酸化カルシウム CaO

① 酸と塩基の組み合わせになっていることを確認

　　$HCl + CaO \longrightarrow$　中和反応!!
　　酸　塩基性酸化物（→p.16）

② XO型にH_2Oを加えてXOH型に変える

　　$HCl + \underset{Ca(OH)_2}{CaO + H_2O} \longrightarrow$

③ H$^+$ と OH$^-$ の数をそろえるように係数を決める

$$2HCl + \underset{Ca(OH)_2}{\underline{CaO + H_2O}} \longrightarrow$$

（OH$^-$ が2つあるので，H$^+$ も2つにするために HCl の係数は2。）

④ H$^+$ と OH$^-$ をくっつけてH$_2$O，残りのイオンをくっつけて塩にする

$$2HCl + \underset{Ca(OH)_2}{\underline{CaO + H_2O}} \longrightarrow 2H_2O + CaCl_2$$

⑤ 両辺で H$_2$O を相殺する

中和反応では H$_2$O が生成するため，形式的に加えた H$_2$O が両辺で相殺されます。

$$2HCl + CaO + \cancel{H_2O} \longrightarrow \cancel{2}H_2O + CaCl_2$$

以上より，次のような化学反応式になります。

$$2HCl + CaO \longrightarrow H_2O + CaCl_2$$

　次の物質の組み合わせの化学反応式を書きなさい。反応しない場合は「反応しない」

と答えなさい。

① $CH_3COOH + KOH$　　② $H_2SO_4 + NH_3$　　③ $SiO_2 + NaOH$

④ $Na_2O + NH_3$　　　　⑤ $Fe_2O_3 + HCl$

\Point!/

　XO 型や NH_3 には形式的に H_2O を加える !!

▶ 解説

① H^+ と OH^- が見えているので中和反応です。そのままくっつけて H_2O にしましょう。

$$CH_3COOH + KOH \longrightarrow H_2O + CH_3COOK$$

② NH_3 には形式的に H_2O を加えましょう。◀ \Point!/　H^+ が 2 つなので，OH^- を 2 つ

にするため，塩基の係数をすべて 2 にします。最後に両辺で H_2O を相殺しましょう。

$$H_2SO_4 + 2NH_3 + \cancel{2H_2O} \longrightarrow \cancel{2H_2O} + (NH_4)_2SO_4$$
$$\underset{2NH_4^+ + 2OH^-}{}$$

$$\underline{H_2SO_4 + 2NH_3 \longrightarrow (NH_4)_2SO_4}$$

③酸性酸化物と塩基の組み合わせなので中和反応です。SiO_2 に形式的に H_2O を加えま

しょう。◀ \Point!/　H^+ が 2 つなので，OH^- も 2 つにするために $NaOH$ の係数は 2

にします。

$$\underset{H_2SiO_3}{SiO_2 + H_2O} + 2NaOH \longrightarrow \cancel{2}H_2O + Na_2SiO_3$$

$$\underline{SiO_2 + 2NaOH \longrightarrow H_2O + Na_2SiO_3}$$

④塩基性酸化物と塩基の組み合わせなので，反応しません。　→　反応しない

⑤塩基性酸化物と酸の組み合わせなので中和反応です。Fe_2O_3 には形式的に H_2O を加え

ましょう。◀ \Point!/　OH^- が 6 つになるので，H^+ も 6 つにするため HCl の係数は

6 になります。

$$\underset{2Fe(OH)_3}{Fe_2O_3 + 3H_2O} + 6HCl \longrightarrow \cancel{6}H_2O + 2FeCl_3$$

$$\underline{Fe_2O_3 + 6HCl \longrightarrow 3H_2O + 2FeCl_3}$$

▶ 解答　**解説参照**

2 塩の反応

① 弱酸・弱塩基の遊離反応

重要TOPIC 02

塩の反応① 弱酸・弱塩基遊離反応 説明①

・弱酸遊離反応

弱酸の塩 XA ＋ 強酸 HB $\longrightarrow$ 弱酸 HA ＋ 強酸の塩 XB

・弱塩基遊離反応

弱塩基の塩 CY ＋ 強塩基 DOH $\longrightarrow$ 弱塩基 COH ＋ 強塩基の塩 DY

説明①

電離度 α の小さい酸や塩基が弱酸・弱塩基です。

「電離しにくい」ということは、「くっつきやすい」ということです。

弱酸 　　$CH_3COOH \rightleftarrows CH_3COO^- + H^+$

起こりやすい

弱塩基 　$NH_3 + H_2O \rightleftarrows NH_4^+ + OH^-$

起こりやすい

　よって、弱酸の組み合わせのイオンや弱塩基の組み合わせのイオンが出会ったら、くっついて弱酸や弱塩基になります。

　これが、**弱酸・弱塩基遊離反応**です。

　具体的には、「弱酸の塩 XA と強酸 HB」、「弱塩基の塩 CY と強塩基 DOH」の組み合わせで進行します。

　弱酸 HA の組み合わせ(H^+ と A^-)、弱塩基 COH の組み合わせ(C^+ と OH^-)を探してみましょう。

・弱酸遊離反応

弱酸の塩 XA ＋ 強酸 HB ⟶ 弱酸 HA ＋ 強酸の塩 XB

・弱塩基遊離反応

弱塩基の塩 CY ＋ 強塩基 DOH ⟶ 弱塩基 COH ＋ 強塩基の塩 DY

文字で考えると難しく感じるかもしれませんが，「弱酸や弱塩基の組み合わせを見たらくっつける」という練習をしてみると慣れてきますよ。

例 酢酸ナトリウム ＋ 塩酸

$CH_3COONa + HCl \longrightarrow CH_3COOH + NaCl$
 　弱酸の塩　　 強酸　　　　　　 弱酸　　 強酸の塩

弱酸である酢酸 CH_3COOH の組み合わせ（CH_3COO^- と H^+）は見えましたか？

広義の弱酸遊離反応

正確な弱酸遊離反応は次のようになります。

比べて弱い酸の塩 ＋ 比べて強い酸 ⟶ 比べて弱い酸 ＋ 比べて強い酸の塩

ポイントは「比べて」です。具体例で確認してみましょう。

酢酸 CH_3COOH と炭酸（$H_2O + CO_2$）はともに弱酸ですが，CH_3COOH の方が比べて強い酸です（同じ弱酸の中での強弱を決めているのが，電離定数 K_a です。酢酸の $K_a = 10^{-5}$ mol/L，炭酸の $K_a = 10^{-6}$ mol/L）。

よって，比べて弱い酸の塩である $NaHCO_3$（炭酸のナトリウム塩）と，比べて強い酸である CH_3COOH から，比べて弱い酸である $H_2O + CO_2$ が遊離します。

$NaHCO_3 + CH_3COOH \longrightarrow H_2O + CO_2 + CH_3COONa$
 　　　　比べて強い酸　　 比べて弱い酸

実践！ 演習問題 2 ▶標準レベル

　次の物質の組み合わせの化学反応式を書きなさい。反応しない場合は「反応しない」と答えなさい。

　ただし，酸の強弱は，酢酸 CH_3COOH ＞炭酸 $H_2O ＋ CO_2$ である。

① $FeS ＋ H_2SO_4$　　② $NH_4Cl ＋ NaOH$　　③ $CaCO_3 ＋ HCl$

④ $NaCl ＋ HNO_3$　　⑤ $CH_3COONa ＋ H_2O ＋ CO_2$

\Point!/

(比べて)弱い酸や弱い塩基をくっつける!!

▶ 解説

① FeS （弱酸 H_2S の塩）と H_2SO_4（強酸）の組み合わせ → 弱酸 H_2S の遊離 ◂ \Point!/

$$FeS ＋ H_2SO_4 \longrightarrow H_2S ＋ FeSO_4$$

② NH_4Cl（弱塩基 NH_3の塩）と $NaOH$（強塩基）の組み合わせ → 弱塩基 $NH_3 ＋ H_2O$ の遊離 ◂ \Point!/

　　電離（$NH_3 ＋ H_2O \longrightarrow NH_4^+ ＋ OH^-$）の逆ですね。

$$NH_4Cl ＋ NaOH \longrightarrow NH_3 ＋ H_2O ＋ NaCl$$

③ $CaCO_3$ （弱酸 $H_2O ＋ CO_2$の塩）と HCl （強酸）の組み合わせ → 弱酸 $H_2O ＋ CO_2$ の遊離 ◂ \Point!/

　　H^+ は 2 つ必要なので，HCl の係数は 2 倍しましょう。

$$CaCO_3 ＋ 2HCl \longrightarrow H_2O ＋ CO_2 ＋ CaCl_2$$

④ $NaCl$ は，塩基に注目するなら強塩基($NaOH$)の塩，酸に注目するなら強酸(HCl)の塩です。よって，強酸(HNO_3)との組み合わせでは反応は進行しません。

　　反応しない

⑤ CH_3COONa （比べて強い酸 CH_3COOH の塩）と $H_2O ＋ CO_2$ （比べて弱い酸）の組み合わせなので反応は進行しません。

　　反応しない

▶ 解答　**解説参照**

② 塩の加水分解反応

塩の反応② 塩の加水分解反応 （説明①）

弱酸・弱塩基由来のイオンが起こす

- **弱酸 HA の塩** （水中で弱塩基性）（説明②）

  電離　　　$XA \rightleftarrows X^+ + A^-$

  加水分解　$A^- + H_2O \rightleftarrows HA + OH^-$

- **弱塩基 COH の塩** （水中で弱酸性）（説明③）

  電離　　　$CY \rightleftarrows C^+ + Y^-$

  加水分解　$C^+ + H_2O \rightleftarrows COH + H^+$

（説明①）

　弱酸や弱塩基は電離度 α が小さく電離しにくいため，弱酸や弱塩基のイオンの組み合わせが出会うと，くっつきます。

　　弱酸　$CH_3COOH \rightleftarrows CH_3COO^- + H^+$　　……(1)

　　　　　　　　　起こりやすい

　　弱塩基　$NH_3 + H_2O \rightleftarrows NH_4^+ + OH^-$　　　……(2)

　　　　　　　　　起こりやすい

　(1)式において，H^+ を出す物質が強酸（正確には「より強い酸」）だったら弱酸遊離反応(→ p.25)，(2)式において，OH^- を出す物質が強塩基（正確には「より強い塩基」）だったら弱塩基遊離反応(→ p.25)です。

　(1)式において H^+ を出す物質，(2)式において OH^- を出す物質が H_2O になったときが塩の加水分解反応です。

　よって，弱酸・弱塩基遊離反応と塩の加水分解反応は，H^+ や OH^- の出どころが違うだけで，本質的には同じ反応です。

　どちらも，弱酸や弱塩基由来の塩，すなわち弱酸や弱塩基由来のイオンが起こす反応です。

説明②

[1] 弱酸由来の塩の加水分解反応

酢酸ナトリウム CH_3COONa を例に考えてみましょう。

塩はイオン結晶なので，水中でほぼ完全に電離します。

$$CH_3COONa \longrightarrow CH_3COO^- + Na^+$$

このとき生じる CH_3COO^- は弱酸(CH_3COOH)由来のイオン，Na^+ は強塩基（$NaOH$）由来のイオンです。

加水分解反応を起こすのは弱酸や弱塩基由来のイオンなので，CH_3COO^- が H_2O と反応します。

$$CH_3COO^- + H_2O \underset{(H^+OH^-)}{\rightleftharpoons} CH_3COOH + OH^-$$

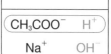

このように，弱酸由来の塩は加水分解反応を起こして OH^- を生じるため，弱塩基性を示します。

また，弱酸遊離反応と異なる点は，H_2O は非常に電離しにくく H^+ が少ないため，加水分解反応がほんの少ししか進行しないことです。

すなわち，可逆反応になります。

説明③

[2] 弱塩基由来の塩の加水分解反応

塩化アンモニウム NH_4Cl を例に考えてみましょう。

塩はイオン結晶なので，水中でほぼ完全に電離します。

$$NH_4Cl \longrightarrow NH_4^+ + Cl^-$$

このとき生じる NH_4^+ は弱塩基($NH_3 + H_2O$)由来のイオン，Cl^- は強酸(HCl)由来のイオンです。

加水分解反応を起こすのは弱酸や弱塩基由来のイオンなので，NH_4^+ が H_2O と反応します。

$$NH_4^+ + H_2O \underset{(H^+OH^-)}{\rightleftharpoons} NH_3 + \underset{H_3O^+}{\underline{H_2O + H^+}}$$

H^+ は水中で H_2O とくっついてオキソニウムイオン H_3O^+ で存在するため，まとめると，次のようになります。

$$NH_4^+ + H_2O \rightleftarrows NH_3 + H_3O^+$$

このように，弱塩基由来の塩は加水分解反応を起こして $H^+(H_3O)$ を生じるため，弱酸性を示します。

また，弱塩基遊離反応と異なる点は，H_2O は非常に電離しにくく OH^- が少ないため，加水分解反応がほんの少ししか進行しないことです。

すなわち，可逆反応になります。

Q & A

Q 01. CH_3COONa は「強塩基由来の塩」じゃないの？

A 01. そのとおりです。

塩基に注目するなら「強塩基（NaOH）由来の塩」という表現になります。

酸に注目するなら「弱酸（CH_3COOH）由来の塩」となります。

では，「酸と塩基のどちらに注目するのか」はどうやって判断するのでしょうか。

それは，相手を見ることです。

例　$CH_3COONa + HCl$

CH_3COONa の相手は HCl で強酸です。よって，酸に注目し，CH_3COONa を「弱酸由来の塩」と考えます。

例　$CH_3COONa + H_2O$

CH_3COONa の相手は H_2O なので，加水分解反応です。加水分解反応は弱酸，弱塩基由来の塩で進行するので，「弱酸由来の塩」と考えます。

実践! 演習問題 3　　　　　　　　　　　　　　▶標準レベル

　次の塩の加水分解反応のイオン反応式を書きなさい。加水分解反応が進行しない場合は「反応しない」と答えなさい。

①　Na_2CO_3　　②　$NaNO_3$　　③　$(NH_4)_2SO_4$

\Point!/

　加水分解反応を起こすのは，弱酸・弱塩基由来の塩(イオン)!!

▶解説

①Na_2CO_3は弱酸($H_2O + CO_2$)由来の塩なので，加水分解反応が起こります。◀\Point!/

Na_2CO_3は，水中で次のようにほぼ完全に電離します。

$$Na_2CO_3 \longrightarrow 2Na^+ + CO_3^{2-}$$

弱酸由来のイオンであるCO_3^{2-}が加水分解反応を起こします。

$$\underline{CO_3^{2-} + H_2O \rightleftharpoons HCO_3^- + OH^-}$$

加水分解反応は，ほんの少ししか進行しない反応なので，CO_3^{2-}から炭酸($H_2O + CO_2$)にはなりません。

②$NaNO_3$は強酸(HNO_3)と強塩基($NaOH$)からなる塩なので，加水分解反応は起こりません。

$$\underline{反応しない}$$

③$(NH_4)_2SO_4$は強酸(H_2SO_4)と弱塩基(NH_3)からなる塩なので，加水分解反応が起こります。◀\Point!/

$(NH_4)_2SO_4$は，水中で次のようにほぼ完全に電離します。

$$(NH_4)_2SO_4 \longrightarrow 2NH_4^+ + SO_4^{2-}$$

弱塩基由来のイオンであるNH_4^+が加水分解反応を起こします。反応後，H^+はH_3O^+になることに注意しましょう(→ p.30)。

$$\underline{NH_4^+ + H_2O \rightleftharpoons NH_3 + H_3O^+}$$

▶解答　**解説参照**

③ 揮発性の酸遊離反応

重要TOPIC 04

塩の反応③ 揮発性の酸遊離反応 [説明①]

・**揮発性の酸** → HNO_3, HCl, HF

・**揮発性の酸遊離反応**

揮発性の酸の塩と濃硫酸を加熱すると揮発性の酸が遊離

例 $NaNO_3 + H_2SO_4 \longrightarrow HNO_3 + NaHSO_4$

[説明①]

沸点が低く蒸発しやすい性質を**揮発性**といいます。

まずは，揮発性の酸を3つ知っておきましょう。

揮発性の酸：硝酸 HNO_3，塩化水素 HCl，フッ化水素 HF

これら揮発性の酸の塩と濃硫酸を混ぜ合わせて加熱すると，揮発性の酸が出ていきます。これを**揮発性の酸遊離反応**といいます。

例 硝酸ナトリウム $NaNO_3$ と濃硫酸 H_2SO_4 を混ぜ合わせて加熱することにより，揮発性の硝酸 HNO_3 が出ていきます。

$NaNO_3 + H_2SO_4 \longrightarrow HNO_3 + NaHSO_4$

（係数が2にならない理由→ p.33）

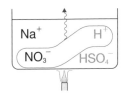

Q 02. 加える酸は濃硫酸じゃないとダメなの？

A 02. はい。必ず濃硫酸を使用します。

化学反応式から，H_2SO_4 は H^+ を出していることがわかります。

H^+ を出すのであれば，他の酸でもよさそうですが，この反応は加熱して揮発性の酸を追い出すので，加熱に耐えられる酸でなくてはいけません。

加熱に耐えられるのは，沸点約300℃の濃硫酸しかないのです。

化学反応式の係数が 2 にならない理由

硝酸ナトリウム $NaNO_3$ と濃硫酸 H_2SO_4 の組み合わせで考えてみましょう。

この反応の化学反応式を次のように書いた人はいませんか。

$$2NaNO_3 + H_2SO_4 \longrightarrow 2HNO_3 + Na_2SO_4$$

この反応式は間違っています。

もし，この反応式のようになるなら，反応が次のように 2 段階起こっていることになります。

$$
\begin{array}{lll}
\text{1 段階目} & NaNO_3 + H_2SO_4 \longrightarrow HNO_3 + NaHSO_4 & \cdots\cdots(1) \\
+)\ \text{2 段階目} & NaNO_3 + NaHSO_4 \longrightarrow HNO_3 + Na_2SO_4 & \cdots\cdots(2) \\
\hline
& 2NaNO_3 + H_2SO_4 \longrightarrow 2HNO_3 + Na_2SO_4 &
\end{array}
$$

結論からいうと，2 段階目の反応が進行しません。1 段階目で止まってしまいます。よって，次の(1)式が正解になります。

$$NaNO_3 + H_2SO_4 \longrightarrow HNO_3 + NaHSO_4$$

じつは，この反応は，揮発性の酸遊離反応以外に，広義の弱酸遊離反応（→ p.26）も原動力になっています。

まず，代表的な強酸 3 つの強弱は次のようになります。

$$H_2SO_4 > HCl > HNO_3$$

電離定数 K_a　　$K_{a1} = 10^{10}$　　$K_a = 10^8$　　$K_a = 10^2$
　　　　　　　　$K_{a2} = 10^{-2}$

これより，(1)式は比べて弱い酸が遊離しています。

$$NaNO_3 + H_2SO_4 \longrightarrow HNO_3 + NaHSO_4$$
　　　　$K_{a1} = 10^{10}$　　　　　　$K_a = 10^2$

しかし，(2)式は比べて強い酸が遊離することになるため，進行しません。

$$NaNO_3 + NaHSO_4 \not\longrightarrow HNO_3 + Na_2SO_4$$
　　　　$K_{a2} = 10^{-2}$　　　　　　$K_a = 10^2$

以上より，化学反応式の係数は 2 になりません。

次の反応の化学反応式を書きなさい。

① 塩化ナトリウム $NaCl$ ＋濃硫酸 H_2SO_4（加熱）

② フッ化カルシウム CaF_2 ＋濃硫酸 H_2SO_4（加熱）

\Point!/

酸の強弱は H_2SO_4（第 1 電離）＞ HCl ＞ HNO_3 ＞ H_2SO_4（第 2 電離）≫弱酸 !!

▶ 解説

① $NaCl$ は揮発性の酸（HCl）の塩なので，濃硫酸と混ぜ合わせて加熱すると揮発性の酸遊離反応が進行します。

　ただし，酸の強弱は，

$$H_2SO_4 \text{ の第 1 電離} > HCl \text{ の電離} > H_2SO_4 \text{ の第 2 電離}　◄ \text{\Point!/}$$

　なので，1 段階目の反応は進行しますが，2 段階目の反応は進行しません。

　　1 段階目　$\underline{NaCl + H_2SO_4 \longrightarrow HCl + NaHSO_4}$

　　2 段階目　$NaCl + NaHSO_4 \;\overset{}{\not\longrightarrow}\; HCl + Na_2SO_4$

　よって，1 段階目の反応式が正解になります。

② CaF_2 は揮発性の酸（HF）の塩なので，濃硫酸と混ぜ合わせて加熱すると揮発性の酸遊離反応が進行します。

　そして，酸の強弱は，

$$H_2SO_4 \text{ の第 1 電離・第 2 電離} \gg \text{弱酸（HF）の電離}　◄ \text{\Point!/}$$

　なので，1 段階目も 2 段階目も進行します。

　　$\underline{CaF_2 + H_2SO_4 \longrightarrow 2HF + CaSO_4}$

このとき生成する $CaSO_4$ は沈殿なので，沈殿生成反応（→ p.55）も反応の原動力になります。

▶ 解答　**解説参照**

3講 │ 酸化還元反応

講義テーマ！

酸化還元反応を理解し，酸化還元反応式をつくることができるようになりましょう。

1 酸化と還元

重要TOPIC 01

酸化還元反応 説明①

物質から物質へ電子 e^- が移動する反応

　　酸化反応：e^- を失う反応　　**還元反応：e^- を得る反応**

説明①

物質から物質へ電子 e^- が移動する反応を**酸化還元反応**といいます。

e^- を失うことを**酸化**，e^- を得ることを**還元**といい，下図のように，この2つは必ず同時に起こります。

酸化と還元は
同時に起こる

それでは，次の化学反応式を見てみましょう。何反応でしょうか。

　　$2KMnO_4 + 5H_2C_2O_4 + 3H_2SO_4 \longrightarrow 10CO_2 + 2MnSO_4 + 8H_2O + K_2SO_4$

これは，酸化還元反応です。しかし，主役の e^- が見えません。それが，酸化還元反応のややこしいところなのです。

この「見えない e^-」をとらえるには，最低限の知識をもっておく必要があります。

まずは，酸化と還元に関する必要な知識をしっかりと身につけてから，酸化還元反応に入っていきましょう。

2 酸化数

酸化数 説明①

原子ごとの実質的な電荷

酸化数の求め方 説明②

・電気陰性度の大きい原子へ e^- を帰属させて求める
・一般的な無機化合物に適用できる簡単な求め方
　①単体の酸化数は 0
　②化合物を構成している原子の酸化数の総和は 0
　③イオンを構成している原子の酸化数の総和はイオンの価数と一致
　④H 原子の酸化数は＋1（金属と結合しているときは－1）
　　O 原子の酸化数は－2（過酸化物のときは－1）
　⑤化合物中のアルカリ金属の酸化数は＋1，2族は＋2，ハロゲンは－1
　　（ただし，塩素酸類の Cl の酸化数は＋になる）

説明①

[1] 酸化数とは

「見えない e^-」をとらえるための1つ目の知識が酸化数です。

　例えば，物質Aから物質Bに e^- が1つ移動すると，物質Aは e^- を1つ失ったので＋1に帯電し，物質Bは e^- を1つ得たので－1に帯電します。

　このように電子の移動が起こると，電子を失った方の電荷は＋1，＋2，＋3，……と増加し，電子を得た方の電荷は－1，－2，－3，……と減少していきます。この，実質的な電荷を**酸化数**といいます。

　酸化数が＋2なら「e^- を2つ失った状態だ」，－3なら「e^- を3つ得た状態だ」といったように，「見えない e^-」をとらえることができるのです。

[2] 酸化数の求め方

酸化数は，比べて電気陰性度 χ の大きい原子に e^- を帰属させて求めます。

例えば，比べて電気陰性度 χ の小さい原子 A と大きい原子 B が結合している としましょう。

$$A^{\bullet} + {}_{\bullet}B \xrightarrow{\text{結合}} \underset{+1}{A} \;\Big|\; \underset{-1}{:B}$$

このとき，共有電子対は電気陰性度 χ の大きい原子 B の方に偏っているため，事実上，原子 A は e^- を 1 つ失った状態なので酸化数 + 1，原子 B は e^- を 1 つ もらった状態なので酸化数 − 1 となります。

[3] 酸化数の簡単な求め方（一般的な無機化合物に適用可）

[2] のように電子式を書いて酸化数を求めるのは，少し時間がかかってしまい ますね。そこで，酸化数の求め方をマニュアル化してみましょう。

①単体の酸化数は 0

$$\underset{0}{X} \overset{\bullet}{\,\vdots\,} \underset{0}{X} \qquad \text{単体の酸化数は 0}$$

単体とは「1 種類の原子からなる純物質」なので，原子間の電気陰性度 χ に差 がありません。よって，どんな単体も酸化数は 0 になります。

②化合物を構成している原子の酸化数の総和は 0

$$\underset{+1}{X} \;\vdots\; \underset{-1}{Y} \qquad \text{化合物全体で酸化数は 0}$$

化合物は構成している原子間において，事実上の e^- の移動はありますが，化 合物全体でとらえると e^- の数に変化はありません。

e^- を 1 つ失う原子があれば，1 つ得る原子があり，トータルでは ± 0 です。

酸化数とは事実上の「電荷」なので，化合物全体で原子の酸化数の総和は 0 に なります。

③イオンを構成している原子の酸化数の総和はイオンの価数と一致

$$X^{2-}$$
$$-2$$
イオンの価数＝酸化数

　酸化数は実質的な電荷のことなので，イオン全体の酸化数はイオンの価数（電荷）と一致します。

　例えば，銅（Ⅱ）イオン Cu^{2+} の酸化数は＋2，硫酸イオン SO_4^{2-} のイオン全体の酸化数は－2となります。

$$SO_4^{2-}$$
　　+6　(−2)×4　　計−2

④基本的に化合物中の水素 H 原子の酸化数は＋1，酸素 O 原子の酸化数は－2

　　例外：金属原子と結合している H 原子は－1，過酸化物中の O 原子は－1

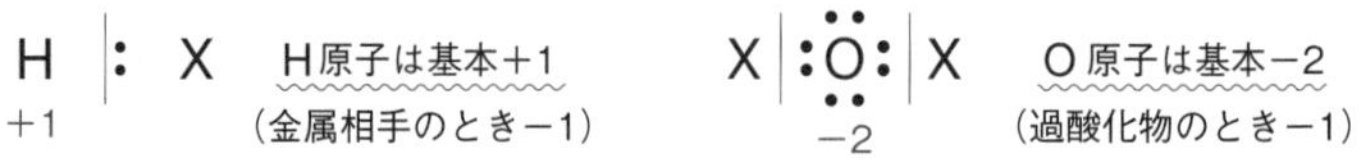

H ： X 　H原子は基本+1　　　　X｜:O̤:｜X 　O原子は基本−2
+1 　　　（金属相手のとき−1）　　　−2 　　（過酸化物のとき−1）

　H 原子は非金属の中で電気陰性度 χ が小さいため e^- を失う状態になりやすく，基本的に酸化数は＋1になりますが，金属原子と比べると電気陰性度 χ は大きいため，金属原子と結合しているときの酸化数は－1となります。

Na ｜:H 　　　 H:O̤:O̤:H
　　　−1 　　　　　−1 −1

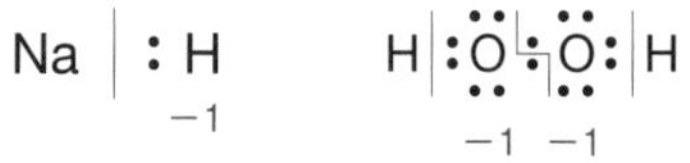

　そして O 原子は電気陰性度 χ が大きいため e^- を得る状態になりやすく，基本的に酸化数は－2となります。しかし，過酸化物のときは O 原子どうしの結合があるため，酸化数は－1となります。

⑤化合物中のアルカリ金属の酸化数は＋1，2族の酸化数は＋2，ハロゲンの酸
化数は－1

$$Na^+$$ アルカリ金属は基本＋1　　　　　$$Cl^-$$ ハロゲンは基本－1

$$Ca^{2+}$$ 2族は基本＋2

　金属は電気陰性度 χ が小さいため e^- を失う状態になりやすく，酸化数はアル
カリ金属が＋1，2族が＋2となります。

　また，ハロゲンは電気陰性度 χ が大きいため e^- を得る状態になりやすく，酸
化数は基本的に－1になります。

　ただし，塩素 Cl 原子は酸素 O 原子より電気陰性度 χ が小さいため，次亜塩素
酸 HClO などの塩素酸類になると Cl 原子の酸化数は－1ではありません。

例　HClO

化学式　H Cl O　　　電子式　:C̈l: :Ö: H　　オキソ酸 (XOH)
　　　　+1 +1 -2　　　　　　　　+1　 -2　+1　だよ

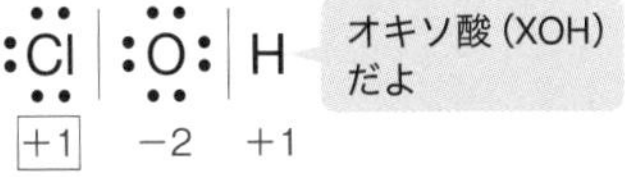

「簡単な求め方」を利用できない場合

　これらの方法は一般的な無機化合物には適用できますが，一部の無機化合物や
有機化合物に使うことはできません。

例　二フッ化酸素 OF_2

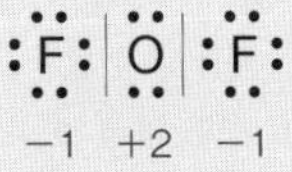

:F̈: :Ö: :F̈:
-1　+2　-1

　フッ素 F 原子は酸素 O 原子より電気陰性度 χ が大きいため，事実上，F 原子が
e^- を得た状態になります。

　よって，F 原子の酸化数は－1ですが，O 原子の酸化数が＋2となり，「簡単な
求め方」にあてはまらないことがわかります。

　電子式から求める方法をきちんとマスターした上で，「簡単な求め方」を利用し
ましょう。

次の①〜⑤の化学式中の下線部の原子の酸化数を求めなさい。

① K₂C̲r̲₂O₇   ② CaH̲₂   ③ C̲u̲SO₄   ④ O̲₃   ⑤ AgN̲O₃

\Point!/
代表的な無機化合物の酸化物は「簡単な求め方」に従う!!

▶ 解説

①クロム Cr 原子の酸化数を x とすると，アルカリ金属は $+1$，酸素
O 原子の酸化数は基本 -2 です。化合物の酸化数は総和 $= 0$ なの
で，次のように表すことができます。

$$(+1) \times 2 + 2x + (-2) \times 7 = 0 \qquad x = \underline{+6}$$

$$\underset{+1 \quad x \quad -2}{K_2 \ Cr_2 \ O_7}$$

②水素 H 原子の酸化数は基本 $+1$ ですが，金属原子と結合しているときの酸化数は
$\underline{-1}$ になります。

③銅 Cu 原子だけでなく硫黄 S 原子の酸化数もわかりませんが，イオン結合（金属と非
金属の結合）の場合はイオン全体で考えると簡単になります。

イオンの酸化数はイオンの価数と一致するため，硫酸イオン $SO_4{}^{2-}$
の酸化数は -2 です。

$$\underset{x \quad -2}{Cu \ SO_4}$$

化合物の酸化数の総和は 0 なので，銅 Cu の酸化数を x とすると，次のようになります。

$$x + (-2) = 0 \qquad x = \underline{+2}$$

④単体の酸化数は $\underline{0}$ です。

⑤③と同様にイオンで考えてみましょう。

硝酸イオン $NO_3{}^-$ のイオン全体の酸化数はイオンの価数と一致する
ので -1。酸素 O 原子の酸化数は基本 -2 なので，窒素 N 原子の
酸化数を x とすると次のようになります。

$$\underset{\substack{x \quad -2 \\ \text{全体で} -1}}{Ag \ N \ O_3}$$

$$x + (-2) \times 3 = -1 \qquad x = \underline{+5}$$

▶ 解答   ①$+6$ ②-1 ③$+2$ ④$0$ ⑤$+5$

3 酸化剤・還元剤

重要TOPIC 03

酸化剤・還元剤 説明①

酸化剤：相手を酸化する→自身は還元される（酸化数は減少）

還元剤：相手を還元する→自身は酸化される（酸化数は増加）

代表的な酸化剤・還元剤 説明②

代表的な酸化剤・還元剤は「何に変化するのか」まで頭に入れておく

説明①

[1] 酸化剤・還元剤とは

上図において，右の物質は電子 e^- を得ているので，「還元されて」います。見方を変えると，相手から e^- を奪っているので，「相手を酸化」しています。

このように，相手を酸化する物質を**酸化剤**（oxidizing agent：以降◎）といいます。

同様に，左の物質は e^- を失っているので，「酸化されて」います。見方を変えると，相手に e^- を渡しているので，「相手を還元」しています。

このように，相手を還元する物質を**還元剤**（reducing agent：以降Ⓡ）といいます。

酸化剤・還元剤という言葉だけでなく，酸化力・還元力という言葉も同様です。それぞれ相手を酸化する力，相手を還元する力であることをしっかりと意識しておきましょう。

3
講

酸化還元反応

[2] 代表的な酸化剤・還元剤

酸化還元反応の「見えない電子 e^-」をとらえるための 2 つ目の知識として，e^- を得やすい物質と e^- を失いやすい物質，すなわち代表的な酸化剤と還元剤を知っておく必要があります。

例えば，「シュウ酸は？」と聞かれたら「還元剤！　反応後は CO_2 に変化‼」と答えられる状態が目標です。

次の表にあるものは「反応後何に変わるのか」まで頭に入れておきましょう。

代表的な酸化剤◎

オゾン O_3	$O_3 \rightarrow O_2$
過酸化水素 H_2O_2 （酸性条件下） 　　　　　　　　（中性・塩基性条件下）	$H_2O_2 \rightarrow H_2O$ $H_2O_2 \rightarrow OH^-$
過マンガン酸カリウム（酸性条件下） $KMnO_4$　　　　　（中性・塩基性条件下）	$MnO_4^- \rightarrow Mn^{2+}$ $MnO_4^- \rightarrow MnO_2$
酸化マンガン（Ⅳ）MnO_2	$MnO_2 \rightarrow Mn^{2+}$
濃硝酸 HNO_3	$HNO_3 \rightarrow NO_2$
希硝酸 HNO_3	$HNO_3 \rightarrow NO$
熱濃硫酸 H_2SO_4	$H_2SO_4 \rightarrow SO_2$
二クロム酸カリウム $K_2Cr_2O_7$	$Cr_2O_7^{2-} \rightarrow Cr^{3+}$
ハロゲンの単体 X_2	$X_2 \rightarrow X^-$
二酸化硫黄 SO_2	$SO_2 \rightarrow S$

※過マンガン酸カリウム $KMnO_4$ と二クロム酸カリウム $K_2Cr_2O_7$ は反応前後で色の変化をともないます。
　酸化還元滴定において終点の判断にも利用するため，色もあわせて頭に入れておきましょう。
　　過マンガン酸イオン MnO_4^-（赤紫色）$\rightarrow$ Mn^{2+}（無色*）
　　二クロム酸イオン $Cr_2O_7^{2-}$（橙赤色）$\rightarrow$ Cr^{3+}（緑色）
　　＊正確には淡桃色ですが，肉眼ではほぼ無色です。

代表的な還元剤®

塩化スズ(II) $SnCl_2$	$Sn^{2+} \rightarrow Sn^{4+}$
硫酸鉄(II) $FeSO_4$	$Fe^{2+} \rightarrow Fe^{3+}$
硫化水素 H_2S	$H_2S \rightarrow S$
過酸化水素 H_2O_2	$H_2O_2 \rightarrow O_2$
二酸化硫黄 SO_2	$SO_2 \rightarrow SO_4^{2-}$
金属の単体 M	$M \rightarrow M^{n+}$
シュウ酸 $H_2C_2O_4$	$H_2C_2O_4 \rightarrow CO_2$
ハロゲン化物イオン X^-	$X^- \rightarrow X_2$

酸化剤◎にも還元剤®にもなる物質

　代表的な酸化剤◎と還元剤®の両方に登場している物質があります。それは，過酸化水素 H_2O_2 と二酸化硫黄 SO_2 です。

　H_2O_2 は通常酸化剤◎ですが，相手が酸化剤◎のときには還元剤®としてはたらくことができます。

　そして，SO_2 は通常還元剤®ですが，相手が還元剤®のときには酸化剤◎としてはたらくことができます。

　反応相手を見て，どちらとしてはたらいているかを判断しましょう。

囫　過マンガン酸カリウム $KMnO_4$ ＋過酸化水素 H_2O_2

　過マンガン酸カリウム $KMnO_4$ は酸化剤◎なので，このときの過酸化水素 H_2O_2 は還元剤®としてはたらいていることがわかります。

4 酸化還元反応

酸化還元反応とは 説明①

酸化剤 ＋ 還元剤 ⟶ 弱い還元剤 ＋ 弱い酸化剤

酸化還元反応の判断法 説明②

・反応物か生成物に単体がある
・知っている酸化剤と還元剤の組み合わせになっている
・反応前後で酸化数の変化がある

説明①

[1] 酸化還元反応とは

酸化剤Ⓞと還元剤Ⓡの反応を**酸化還元反応**といいます。

もう少し詳しく見てみましょう。

酸化剤Ⓞと還元剤Ⓡが反応すると，還元剤Ⓡから酸化剤Ⓞに電子e^-が移動します。酸化剤Ⓞはe^-を得るため，反応後，e^-を与える性質を少しもちます。すなわち弱い還元剤Ⓡになります。

e^-を得た！
今度は与えることができる

そして，還元剤Ⓡはe^-を失うため，反応後e^-を奪う性質を少しもちます。すなわち弱い酸化剤Ⓞになります。

e^-を失った！
今度は奪うことができる

以上より，酸化還元反応とは，酸化剤Ⓞと還元剤Ⓡが反応し，弱い還元剤Ⓡと弱い酸化剤Ⓞに変化する反応と考えることができます。

酸化剤Ⓞ ＋ 還元剤Ⓡ ⟶ 弱い還元剤Ⓡ ＋ 弱い酸化剤Ⓞ

説明②

［2］酸化還元反応の判断法

酸化還元反応は，化学反応式上で移動する電子 e^- が見えないため，酸化還元反応か否かの判断が問われます。

そのときは次のように判断していきましょう。

①反応物か生成物に単体がある

化学変化が起こっているため，反応物に単体（酸化数 0）が含まれているとき，反応後は単体ではなくなります（酸化数は 0 ではない）。

生成物に単体が含まれているときも同様です。

例　銅 Cu ＋希硝酸 HNO_3

銅は金属の単体です。よって，この反応は酸化還元反応だと判断できます。

また，この反応の化学反応式は次のようになります（反応式のつくり方 → p.51）。

$$3Cu + 8HNO_3 \longrightarrow 3Cu(NO_3)_2 + 2NO + 4H_2O$$

この反応式を与えられたとき，左辺に単体の Cu が入っているので，酸化還元反応だと判断できます。

②知っている酸化剤Ⓞと還元剤Ⓡの組み合わせになっている

代表的な酸化剤Ⓞと還元剤Ⓡを頭に入れましたね（→ p.42）。反応物が，知っている酸化剤Ⓞと還元剤Ⓡの組み合わせになっているとき，酸化還元反応だと判断できます。

例　硫酸酸性過マンガン酸カリウム $KMnO_4$ ＋過酸化水素 H_2O_2

$KMnO_4$ は代表的な酸化剤Ⓞ，H_2O_2 は代表的な還元剤Ⓡ（酸化剤Ⓞとしてもはたらく）です。よって，この反応は酸化還元反応だと判断できます。

また，この反応の化学反応式は次のようになります（反応式のつくり方 → p.51）。

$$2KMnO_4 + 3H_2SO_4 + 5H_2O_2 \longrightarrow K_2SO_4 + 2MnSO_4 + 8H_2O + 5O_2$$

これを見ても，知っている酸化剤Ⓞと還元剤Ⓡの組み合わせであることがわかりますね。

右辺に酸素 O_2（単体）があることから判断することもできます。

③反応前後で酸化数が変化している原子がある

酸化還元反応が起こると e^- が移動するため，酸化数が変化します。よって，左辺（反応物）と右辺（生成物）で酸化数が変化している原子があれば酸化還元反応だと判断できます。

例　硫酸酸性過マンガン酸カリウム $KMnO_4$ ＋ シュウ酸 $H_2C_2O_4$

この反応の化学反応式は次のようになります（反応式のつくり方→ p.51）。

$$2KMnO_4 + 3H_2SO_4 + 5H_2C_2O_4 \longrightarrow 10CO_2 + 2MnSO_4 + 8H_2O + K_2SO_4$$
$$_{+7} _{+2}$$

例えば，マンガン Mn に注目すると，酸化数が ＋ 7 から ＋ 2 に変化しているため，この反応は酸化還元反応だと判断できます。

また，$KMnO_4$ は代表的な酸化剤Ⓞ，$H_2C_2O_4$ は代表的な還元剤Ⓡであることからも判断できます。

①〜③のいずれかにあてはまるものを酸化還元反応と判断することができますが，多くの場合①・②のどちらかで判断できるため，③で判断する（酸化数を求める）ことはほとんどありません。

特に，無機化学の反応を最後まできちんと学べば，すべての反応の反応名を答えられるようになるので，③は必要なくなります。

例　$NaCl + H_2SO_4 \longrightarrow HCl + NaHSO_4$

この反応式を見ると次のことが判断できます。

・単体が含まれていない（①に不適）

・知っている酸化剤Ⓞと還元剤Ⓡの組み合わせではない（②に不適）

よって，酸化数を調べてしまいそうになりますが，揮発性の酸である HCl が発生していることから「揮発性の酸遊離反応（→ p.32）」であることが判断できるため，酸化数を調べなくても「酸化還元反応ではない」と答えることができます。

次の化学反応式①〜⑤の中で，酸化還元反応ではないものを 1 つ選びなさい。

① $H_2S + H_2O_2 \longrightarrow S + 2H_2O$

② $2KMnO_4 + 5SO_2 + 2H_2O \longrightarrow 2MnSO_4 + K_2SO_4 + 2H_2SO_4$

③ $MnO_2 + 4HCl \longrightarrow MnCl_2 + 2H_2O + Cl_2$

④ $BaCO_3 + 2HCl \longrightarrow H_2O + CO_2 + BaCl_2$

⑤ $Cu + 2H_2SO_4 \longrightarrow CuSO_4 + SO_2 + 2H_2O$

\Point!/

単体を探す！ 知っている酸化剤⊙と還元剤®の組み合わせを探す !!

▶ 解説

まず，単体を含む化学反応式を探してみましょう。 ◀ \Point!/

① S（右辺）

③ Cl_2（右辺）

⑤ Cu（左辺）

これらは酸化還元反応と判断できます。

次に，知っている酸化剤⊙と還元剤®の組み合わせを探してみましょう。 ◀ \Point!/

② $KMnO_4$（酸化剤⊙）＋SO_2（還元剤®）

これも酸化還元反応と判断できます。

以上より，酸化還元反応ではないのは④と判断できます。

ちなみに④は弱酸遊離反応（→ p.25）です。

$$BaCO_3 + 2HCl \longrightarrow H_2O + CO_2 + BaCl_2$$
　　　　　　　強酸　　　　　　弱酸

すでに学んだ反応なので，反応名が答えられなかったら復習しておきましょう。

▶ 解答 ④

5 酸化還元反応式

半反応式 （説明①）

酸化剤Ⓞと還元剤Ⓡの反応を別々に表したもの
（移動する電子 e^- が見える）。

酸化還元反応式 （説明②）

半反応式を 1 つにまとめたもの。

最後の「省略イオンの追加」は，問題文に忠実に従うこと。

（説明①）

[1] 半反応式

酸化剤Ⓞと還元剤Ⓡの反応を別々に表したものを**半反応式**といいます。

別々に表すことで，酸化剤Ⓞが得る電子 e^- と還元剤Ⓡが失う e^- を式の中で確認することができます。

例　過マンガン酸カリウム $KMnO_4$

Ⓞ　$MnO_4^- + 8H^+ + 5e^- \longrightarrow Mn^{2+} + 4H_2O$　　式の中に e^- が見える！

上記の例の半反応式から，過マンガン酸イオン $1\,mol$ が $e^-\,5\,mol$ を得ることがわかります。

このように，酸化剤Ⓞ（もしくは還元剤Ⓡ） $1\,mol$ が得る（もしくは失う） e^- の物質量(mol)を**価数**といいます。

$KMnO_4$ は 5 価の酸化剤Ⓞとなります。

もう 1 つ例を確認してみましょう。

例　ヨウ化カリウム KI

Ⓡ　$2I^- \longrightarrow I_2 + 2e^-$

この半反応式を見ると，e^- の係数は 2 ですが，2 価の還元剤ではありません。

価数は「酸化剤Ⓞや還元剤Ⓡ <u>$1\,mol$ あたりの e^- の mol</u>」なので，ヨウ化物イオン $I^-\,1\,mol$ あたりにすると e^- は $1\,mol$ となるため，1 価の還元剤Ⓡが正解です。

Q & A

Q 03. 半反応式の中で，過マンガン酸カリウム $KMnO_4$ はどうして MnO_4^- と書くの？

A 03. **イオン結晶なので水溶液中で電離し MnO_4^- となっているためです。**

K^+ は酸化還元反応には関与していないため，イオン反応式である半反応式中では表記しません。

ヨウ化カリウム KI も同様です。

また，次のような場合もあります。

シュウ酸 $H_2C_2O_4$ は弱酸であり，ほとんど電離していないので化合物のまま表記します。

⑧ $H_2C_2O_4 \longrightarrow 2CO_2 + 2H^+ + 2e^-$

しかし，**シュウ酸ナトリウム $Na_2C_2O_4$ はイオン結晶であり，水中で電離するため，$C_2O_4^{2-}$ と表記します。**

⑧ $C_2O_4^{2-} \longrightarrow 2CO_2 + 2e^-$

半反応式のつくり方

酸性下の過マンガン酸カリウム $KMnO_4$ を例に，半反応式のつくり方を確認していきましょう。

① 何に変化するかを書く（代表的な酸化剤⑩・還元剤⑧→ p.42，43）

⑩ $MnO_4^- \longrightarrow Mn^{2+}$

※代表的な酸化剤⑩・還元剤⑧で扱ったものは「何に変化するか」まで頭に入れておきましょう。

② 両辺の酸素 O 原子の数を水 H_2O でそろえる

⑩ $MnO_4^- \longrightarrow Mn^{2+} + 4H_2O$

左辺の O 原子数 4 にそろえるように，右辺に H_2O を 4 つ加えます。

③ 両辺の水素 H 原子の数を水素イオン H^+ でそろえる

⑩ $MnO_4^- + 8H^+ \longrightarrow Mn^{2+} + 4H_2O$

右辺の H 原子数 8 にそろえるように，左辺に H^+ を 8 つ加えます。

④ 両辺の電荷を電子 e^- でそろえる

$$\underset{\text{電荷}+7}{MnO_4^- + 8H^+ + 5e^-} \longrightarrow \underset{\text{電荷}+2}{Mn^{2+} + 4H_2O}$$

③の段階で左辺の電荷は＋7，右辺の電荷は＋2になっています。

左辺に $5e^-$ を加えることで，両辺の電荷を＋2にそろえます。

これで半反応式のできあがりです。代表的な酸化剤Ⓞ・還元剤Ⓡ(→ p.42, 43)で扱ったものに関しては，手を動かして半反応式を書く練習をしておきましょう。

代表的な酸化剤Ⓞの半反応式

オゾン O_3	$O_3 + 2H^+ + 2e^- \longrightarrow O_2 + H_2O$
過酸化水素(酸性条件下) H_2O_2　　(中性・塩基性条件下)	$H_2O_2 + 2H^+ + 2e^- \longrightarrow 2H_2O$ $H_2O_2 + 2e^- \longrightarrow 2OH^-$
過マンガン酸カリウム(酸性条件下) $KMnO_4$　　(中性・塩基性条件下)	$MnO_4^- + 8H^+ + 5e^- \longrightarrow Mn^{2+} + 4H_2O$ $MnO_4^- + 2H_2O + 3e^- \longrightarrow MnO_2 + 4OH^-$
酸化マンガン(Ⅳ) MnO_2	$MnO_2 + 4H^+ + 2e^- \longrightarrow Mn^{2+} + 2H_2O$
濃硝酸 HNO_3	$HNO_3 + H^+ + e^- \longrightarrow NO_2 + H_2O$
希硝酸 HNO_3	$HNO_3 + 3H^+ + 3e^- \longrightarrow NO + 2H_2O$
熱濃硫酸 H_2SO_4	$H_2SO_4 + 2H^+ + 2e^- \longrightarrow SO_2 + 2H_2O$
二クロム酸カリウム $K_2Cr_2O_7$	$Cr_2O_7^{2-} + 14H^+ + 6e^- \longrightarrow 2Cr^{3+} + 7H_2O$
ハロゲンの単体 X_2	$X_2 + 2e^- \longrightarrow 2X^-$
二酸化硫黄 SO_2	$SO_2 + 4H^+ + 4e^- \longrightarrow S + 2H_2O$

代表的な還元剤Ⓡの半反応式

塩化スズ(Ⅱ) $SnCl_2$	$Sn^{2+} \longrightarrow Sn^{4+} + 2e^-$
硫酸鉄(Ⅱ) $FeSO_4$	$Fe^{2+} \longrightarrow Fe^{3+} + e^-$
硫化水素 H_2S	$H_2S \longrightarrow S + 2H^+ + 2e^-$
過酸化水素 H_2O_2	$H_2O_2 \longrightarrow O_2 + 2H^+ + 2e^-$
二酸化硫黄 SO_2	$SO_2 + 2H_2O \longrightarrow SO_4^{2-} + 4H^+ + 2e^-$
金属の単体 M	$M \longrightarrow M^{n+} + ne^-$
シュウ酸 $H_2C_2O_4$	$H_2C_2O_4 \longrightarrow 2CO_2 + 2H^+ + 2e^-$
ハロゲン化物イオン X^-	$2X^- \longrightarrow X_2 + 2e^-$

[2] 酸化還元反応式

　酸化剤Ⓞと還元剤Ⓡの半反応式を 1 つにまとめ，通常の化学反応式の形にしたものが酸化還元反応式です。

　酸化還元反応式は複雑なものも多いので，いきなり書くのではなく，以下に示すように半反応式からつくる方法を徹底しましょう。

酸化還元反応式のつくり方

　硫酸酸性過マンガン酸カリウム $KMnO_4$ とシュウ酸 $H_2C_2O_4$ の反応を例に，酸化還元反応式のつくり方を確認していきましょう。

① 酸化剤Ⓞと還元剤Ⓡの半反応式を書く（→ p.49）

　　Ⓞ　$MnO_4^- + 8H^+ + 5e^- \longrightarrow Mn^{2+} + 4H_2O$

　　Ⓡ　$H_2C_2O_4 \longrightarrow 2CO_2 + 2H^+ + 2e^-$

② 半反応式の電子 e^- の係数をそろえて 2 式を加える

$$
\begin{array}{rl}
Ⓞ & MnO_4^- + 8H^+ + 5e^- \longrightarrow Mn^{2+} + 4H_2O \quad (\times 2) \\
+)\,Ⓡ & H_2C_2O_4 \longrightarrow 2CO_2 + 2H^+ + 2e^- \quad\quad\; (\times 5) \\
\hline
& 2MnO_4^- + 5H_2C_2O_4 + 6H^+ \longrightarrow 10CO_2 + 2Mn^{2+} + 8H_2O
\end{array}
$$

　酸化剤Ⓞと還元剤Ⓡの e^- の係数がそれぞれ 5，2 なので，最小公倍数の10にそろえるように，それぞれの式を 2 倍，5 倍して加えます。

　これで反応式の中から e^- が消えましたが，イオンが存在しているため，イオン反応式となります。

③ 省略しているイオンを追加する

　②のイオン反応式では，反応に関与しないイオンは省略しているため，そのイオンを追加して仕上げます。省略しているイオンが何であるかは問題文を読んで判断するしかありません。

では，②でつくったイオン反応式を見ながら確認していきましょう。

$$2MnO_4^- + 5H_2C_2O_4 + 6H^+ \longrightarrow 10CO_2 + 2Mn^{2+} + 8H_2O$$

まず，過マンガン酸イオン MnO_4^- の出どころは，上記より「過マンガン酸カリウム」なので，左辺にカリウムイオン K^+ を2つ追加します。

$$2KMnO_4 + 5H_2C_2O_4 + 6H^+ \longrightarrow 10CO_2 + 2Mn^{2+} + 8H_2O$$

次に，水素イオン H^+ の出どころは，「硫酸酸性」の「硫酸」なので，左辺に硫酸イオン SO_4^{2-} を3つ追加します。

$$2KMnO_4 + 5H_2C_2O_4 + 3H_2SO_4 \longrightarrow 10CO_2 + 2Mn^{2+} + 8H_2O$$

最後に，左辺に追加した K^+ 2つと SO_4^{2-} 3つを右辺にも追加します。

右辺に Mn^{2+} が2つあるので，陰イオンの SO_4^{2-} 2つと合わせて $MnSO_4$ に変え，残った K^+ 2つと SO_4^{2-} 1つを K_2SO_4 にしましょう。

$$2KMnO_4 + 5H_2C_2O_4 + 3H_2SO_4 \longrightarrow 10CO_2 + 2MnSO_4 + 8H_2O + K_2SO_4$$

これで酸化還元反応式のできあがりです。

特に③において，左辺に追加するイオンは問題文をよく見るよう心がけ，手を動かして書く練習をしましょう。

「硫酸酸性」とは

過マンガン酸カリウム $KMnO_4$ は代表的な酸化剤◎であるため，問題にもよく登場しますが，必ず一緒に出てくるのが「硫酸酸性」という言葉です。

$KMnO_4$ を酸性下で使用する理由

$KMnO_4$ は酸性下では5価，それ以外では3価の酸化剤◎としてはたらきます。

酸性条件下：$MnO_4^- + 8H^+ + 5e^- \longrightarrow Mn^{2+} + 4H_2O$

中性・塩基性下：$MnO_4^- + 2H_2O + 3e^- \longrightarrow MnO_2 + 4OH^-$

通常，強い酸化剤◎（5価）として使用するために，酸性下で使用します。

強すぎると困る場合は中性・塩基性下で扱いますが，これは有機化学の「アルキルベンゼンの酸化（→有機化学編 p.173）」でしか登場しません。

中性・塩基性条件下での半反応式のつくり方

半反応式のつくり方（→ p.49）に従うと，中性・塩基性条件下での過マンガン酸カリウム $KMnO_4$ の反応式は次のようになります。

$$MnO_4^- + 4H^+ + 3e^- \longrightarrow MnO_2 + 2H_2O$$

左辺に H^+ がありますが，「中性・塩基性条件下」であるため，酸は加えていません。

よって，両辺に $4OH^-$ を加え，左辺の $4H^+$ を H_2O に変化させると正確な半反応式になります。

$$MnO_4^- + \underset{2}{\cancel{4}}H_2O + 3e^- \longrightarrow MnO_2 + \cancel{2}H_2O + 4OH^-$$

「硫酸酸性下」で使用する理由

過マンガン酸カリウム $KMnO_4$ を強い酸化剤◎（5価）として使用するために酸性下で扱うことは先述のとおりですが，なぜ「硫酸」なのでしょうか。

$KMnO_4$ と $H_2C_2O_4$ の酸化還元反応を例に考えてみましょう。

酸性にするためなら，塩酸や硝酸でもよいはずですが，塩酸を用いると，塩化物イオン Cl^-（還元剤Ⓡ）が $KMnO_4$（酸化剤◎）と反応してしまうため，正確な滴定を行うことができなくなります。

また，硝酸を用いると硝酸（酸化剤◎）が $H_2C_2O_4$（還元剤Ⓡ）と反応してしまうため，正しい滴定を行うことができなくなります。

以上より，「酸化剤◎でも還元剤Ⓡでもない強酸」である希硫酸を用います。「硫酸酸性」とは，希硫酸を使って酸性にした環境と考えましょう。

実践! 演習問題 3 　　　　　　　　　　　　　　　　　▶発展レベル

次の①〜③の化学反応式を書きなさい。

① ヨウ化カリウム ＋ 過酸化水素

② 銅＋濃硝酸

③ 硫酸鉄（Ⅱ）＋ 硫酸酸性ニクロム酸カリウム

\Point!/

省略しているイオンを追加するときは問題文をよく見る‼

▶ 解説

① 　Ⓡ　$2I^- \longrightarrow I_2 + 2e^-$

　　+)Ⓞ　$H_2O_2 + 2H^+ + 2e^- \longrightarrow 2H_2O$

　　　　$2I^- + H_2O_2 + 2H^+ \longrightarrow I_2 + 2H_2O$

I^- は KI 由来なので K^+ を 2 つ，問題文に酸はないので H^+ は H_2O 由来と考えて
OH^- を 2 つ両辺に加えましょう（両辺で $2H_2O$ が相殺されます）。◀ \Point!/

　　以上より，$\underline{2KI + H_2O_2 \longrightarrow I_2 + 2KOH}$

② 　Ⓡ　$Cu \longrightarrow Cu^{2+} + 2e^-$

　　+)Ⓞ　$HNO_3 + H^+ + e^- \longrightarrow NO_2 + H_2O$　　（×2）

　　　　$Cu + 2HNO_3 + 2H^+ \longrightarrow Cu^{2+} + 2NO_2 + 2H_2O$

H^+ は HNO_3 由来なので，両辺に NO_3^- を 2 つ加えます（HNO_3 は酸化剤としても酸と
してもはたらいています）。◀ \Point!/

　　以上より，$\underline{Cu + 4HNO_3 \longrightarrow Cu(NO_3)_2 + 2NO_2 + 2H_2O}$

③ 　Ⓡ　$Fe^{2+} \longrightarrow Fe^{3+} + e^-$　　　　（×6）

　　+)Ⓞ　$Cr_2O_7^{2-} + 14H^+ + 6e^- \longrightarrow 2Cr^{3+} + 7H_2O$

　　　　$6Fe^{2+} + Cr_2O_7^{2-} + 14H^+ \longrightarrow 6Fe^{3+} + 2Cr^{3+} + 7H_2O$

Fe^{2+} は $FeSO_4$ 由来，H^+ は H_2SO_4 由来なので両辺に SO_4^{2-} を13，$Cr_2O_7^{2-}$ は
$K_2Cr_2O_7$ 由来なので両辺に K^+ を 2 つ加えます。◀ \Point!/

以上より，

　　$\underline{6FeSO_4 + K_2Cr_2O_7 + 7H_2SO_4 \longrightarrow 3Fe_2(SO_4)_3 + Cr_2(SO_4)_3 + 7H_2O + K_2SO_4}$

▶ 解答　**解説参照**

4講 沈殿生成反応

講義テーマ！

沈殿をつくるのはどんなイオンの組み合わせなのか，しっかり確認しましょう。

1 沈殿生成反応

1 沈殿をつくるイオンの組み合わせ

重要TOPIC 01

沈殿をつくるイオンの組み合わせ 説明①

- Cl^- ：Pb^{2+}，Ag^+
- SO_4^{2-} ：Pb^{2+}，アルカリ土類金属イオン
- OH^-，O^{2-}：アルカリ金属，アルカリ土類金属以外の金属イオン
- CO_3^{2-} ：アルカリ金属イオン以外の金属イオン
- S^{2-} ：イオン化傾向が Zn 以下の金属イオン

説明①

　金属原子と非金属原子からなる化合物はイオン結晶であるため，水中では電離して陽イオンと陰イオンになり溶解します。

　しかし，特定の金属原子と非金属原子の組み合わせからなるイオン結晶は，水中でほとんど溶解しません。

すべて溶解　　　　　　　　ほとんどが沈殿

ほとんど溶解しないイオン結晶は，理論化学で学ぶ溶解度積という数値が非常に小さく，その数値と沈殿の色は考えて判断できるものではありません。

　よって，沈殿生成反応をクリアするには，沈殿をつくるイオンの組み合わせと色を頭に入れる必要があります。

　まずは，沈殿をつくるイオンの組み合わせを，「沈殿をつくりにくいイオン」と「沈殿をつくりやすいイオン」に分けて確認していきましょう。

［1］沈殿をつくりにくいイオン

　次に示すイオンは基本的に沈殿をつくりませんが，例外的に沈殿をつくる相手があります。その例外を頭に入れていきましょう。

基本的に沈殿しないイオン	例外的に沈殿をつくる相手
アルカリ金属イオン	なし
NO_3^-	なし
Cl^-	Pb^{2+}，Ag^+，（Hg_2^{2+}）
SO_4^{2-}	アルカリ土類金属のイオン，Pb^{2+}

アルカリ金属イオン

　アルカリ金属イオンはイオン化傾向が大きく，きわめてイオンになりやすいため，基本的に沈殿をつくりません。

強酸由来のイオン（NO_3^-，Cl^-，SO_4^{2-}）

　強酸は水中でほぼ完全に電離します（電離度 $\alpha \fallingdotseq 1$）。それは，電離してイオンになった方が安定だからです。

例　$HNO_3 \longrightarrow H^+ + NO_3^-$

比べて不安定　　　　　　比べて安定

　イオンが安定であるため，強酸由来のイオンは基本的に沈殿をつくりません。特定の相手のときのみ沈殿をつくります。

［2］沈殿をつくりやすいイオン

次に示すイオンは基本的に沈殿しますが，例外的に沈殿しない相手があります。

基本的に沈殿するイオン	例外的に沈殿しない相手
OH^-, O^{2-}	アルカリ金属イオン アルカリ土類金属イオン
CO_3^{2-}	アルカリ金属イオン，NH_4^+
S^{2-}	イオン化傾向 Al 以上のイオン

OH^-, O^{2-}

OH^- や O^{2-} は陽イオン（金属イオン）相手と基本的に沈殿をつくります。

しかし，アルカリ金属イオンとアルカリ土類金属イオンが相手のときは沈殿しません（強塩基であるため完全電離　例　NaOH，CaO）。

また，通常，水酸化物の沈殿は加熱により脱水が起こり酸化物に変化しますが，AgOH は常温で脱水が進行するため Ag_2O が沈殿します。

$$2Ag^+ + 2OH^- \longrightarrow Ag_2O + H_2O$$

弱酸由来の多価イオン（CO_3^{2-}, S^{2-}, CrO_4^{2-}, SO_3^{2-}）

弱酸由来のイオンは不安定なので，沈殿しやすい性質をもちます（弱酸が電離しにくいことからも，それがわかります）。

また，多価のものはクーロン力（静電気力）が強いため沈殿しやすくなります。

ただし，相手のイオンが沈殿しにくい性質をもつときのみ，例外的に沈殿しません。

上に記したイオンは基本的に沈殿しますが，その沈殿は強酸性にすると溶解します（中和反応や弱酸遊離反応が進行するため）。

例　各沈殿に塩酸を加えて強酸性にする（反応して溶解）

$$Fe_2O_3 + 6HCl \longrightarrow 2FeCl_3 + 3H_2O \quad （中和反応 \quad \rightarrow p.21）$$

$$CaCO_3 + 2HCl \longrightarrow CaCl_2 + CO_2 + H_2O \quad （弱酸遊離反応 \quad \rightarrow p.25）$$

しかし，ここにも例外があります。イオン化傾向が Sn 以下の硫化物沈殿は，強酸性にしても溶解しません。

例　$CuS + 2HCl \longrightarrow \times$　　　強酸性にしても沈殿が溶解しない

硫化物沈殿と液性

硫化物沈殿と液性の関係を確認しておきましょう。

硫化水素 H_2S は弱酸性であるため，水中で次のような電離平衡の状態にあります。

$$H_2S \rightleftharpoons 2H^+ + S^{2-}$$

ここに塩酸を加えて強酸性にすると，ルシャトリエの原理より H^+ を減らす方向，すなわち電離を抑制する方向(左)に平衡が移動するため，S^{2-} の濃度が小さくなります。

酸性条件下(S^{2-} の濃度が小さい環境)でも沈殿してしまうのは，沈殿しやすい金属イオン，すなわちイオン化傾向の小さい金属のイオンです。

まとめると，次のようになります。

・イオン化傾向の小さい金属(Sn 以下)のイオン

→酸性条件下(S^{2-} の濃度が小さい環境)でも沈殿。

すなわち，強酸を加えても沈殿は溶解しない。

・イオン化傾向が比較的大きい金属(Zn, Fe, Ni)のイオン

→酸性条件下(S^{2-} の濃度が小さい環境)では沈殿しないが，

中性・塩基性条件下(S^{2-} の濃度が大きい環境)では沈殿する。

・イオン化傾向の大きい金属(Li ～ Al)のイオン

→液性によらず(S^{2-} の濃度によらず)沈殿しない。

② 沈殿の色

重要TOPIC 02

沈殿の色 説明①

基本的に「白以外」の色を頭に入れる

ただし，硫化物に関しては「黒以外」を頭に入れる

説明①

　沈殿は白色が多いため，白色以外(硫化物沈殿は黒色が多いため黒色以外)を頭に入れていきましょう。

知っておくべき沈殿の色

塩化物	AgCl	白	PbCl$_2$	白		
硫酸塩	PbSO$_4$	白	CaSO$_4$	白	BaSO$_4$	白
炭酸塩	CaCO$_3$	白	BaCO$_3$	白		
酸化物	Ag$_2$O	(暗)褐	CuO	黒	Cu$_2$O	赤
	Fe$_2$O$_3$	赤褐				
水酸化物	Cu(OH)$_2$	青白	Fe(OH)$_3$	赤褐	Fe(OH)$_2$	緑白
硫化物	Ag$_2$S	黒	PbS	黒	CuS	黒
	CdS	黄	MnS	淡桃	ZnS	白
クロム酸塩	Ag$_2$CrO$_4$	赤褐	BaCrO$_4$	黄	PbCrO$_4$	黄
ハロゲン化銀	AgBr	淡黄	AgI	黄		

2 沈殿生成反応の反応式

沈殿生成反応の反応式 [説明①]

イオン反応式を書くときの注意点

・反応に関与しないイオンは反応式の中に入れない

・弱酸や弱塩基はイオンで書かない

[説明①]

[1] 沈殿生成反応の化学反応式

沈殿をつくるイオンの組み合わせを見つけたら，その組み合わせの沈殿を右辺に書きましょう。

あとは，残りのイオンをセットにして右辺に付け加えておくだけです。

例　$NaCl + AgNO_3$ の化学反応式

$$NaCl + AgNO_3 \longrightarrow AgCl + NaNO_3$$

このように通常の化学反応式で書くときは，沈殿をつくるイオンの組み合わせに気づくことができれば，簡単に書くことができます。

[2] 沈殿生成反応のイオン反応式

イオン反応式を書くときには注意が必要です。

① 反応に関与しないイオンは反応式の中に入れない

例　$NaCl + AgNO_3$ のイオン反応式

$$Cl^- + Ag^+ \longrightarrow AgCl$$

Na^+ と NO_3^- は，反応前も反応後もイオンのまま何も変化していません。

よって，イオン反応式を忠実に書くと次のようになり，Na^+ と NO_3^- は両辺で相殺されます。

$$\cancel{Na^+} + Cl^- + Ag^+ + \cancel{NO_3^-} \longrightarrow AgCl + \cancel{Na^+} + \cancel{NO_3^-}$$

（通常の化学反応式では，形式的に硝酸ナトリウム $NaNO_3$ と表記していますが，実際はイオン結晶であるため水中で電離しています。）

② 弱酸や弱塩基をイオンで書かない

例　$CuSO_4 + H_2S$ のイオン反応式

　NG！　$Cu^{2+} + S^{2-} \longrightarrow CuS$

　OK！　$Cu^{2+} + H_2S \longrightarrow CuS + 2H^+$

　弱酸や弱塩基は水中でほとんど電離しておらず，電離平衡の状態です。

$$H_2S \rightleftharpoons 2H^+ + S^{2-}$$

　　　　　　　　　　　非常に少ない！

　しかし，電離により生じた S^{2-} は Cu^{2+} と沈殿 CuS となって減少し，それにともない，電離平衡は電離が促進される方向（右）に移動します。

　よって，水中で電離と沈殿生成が同時進行で進んでいくのです。

　以上より，2つの反応式を合わせたものが沈殿生成反応の反応式となります。

$$\begin{aligned}
H_2S &\rightleftharpoons 2H^+ + S^{2-} \\
+)\quad Cu^{2+} + S^{2-} &\longrightarrow CuS \\
\hline
Cu^{2+} + H_2S &\longrightarrow CuS + 2H^+
\end{aligned}$$

　慣れれば一発で書くことができますが，最初は「電離の式」と「沈殿生成の式」を書いて1つにまとめる練習をしておきましょう。

次の①〜④の組み合わせを水中で混合したときのイオン反応式を書きなさい。反応が進行しない場合は「反応しない」と答えなさい。

① $CaCl_2 + Na_2SO_4$ ② $Na_2CO_3 + KNO_3$

③ $FeCl_3 + NH_3$ ④ $AgNO_3 + NH_3$

\Point!/

反応に関与しないイオンは表記しない！　弱酸・弱塩基はイオンにしない‼

▶ 解説

① Ca^{2+} と SO_4^{2-} は沈殿をつくる組み合わせです。

$$Ca^{2+} + SO_4^{2-} \longrightarrow CaSO_4 \quad ◀ \Point!/$$

② 沈殿をつくる組み合わせはありません。その他の反応も進行しません。

③ Fe^{3+} が NH_3 から生じる OH^- と沈殿をつくります。

電離　　$NH_3 + H_2O \rightleftharpoons NH_4^+ + OH^-$　（×3）◀ \Point!/

+)　沈殿生成　$Fe^{3+} + 3OH^- \longrightarrow Fe(OH)_3$
$$Fe^{3+} + 3NH_3 + 3H_2O \longrightarrow Fe(OH)_3 + 3NH_4^+$$

④ Ag^+ が NH_3 から生じる OH^- と沈殿をつくります。

さらに $AgOH$ は常温で脱水が進行し Ag_2O として生成することも考えましょう（→ p.57）。

電離　　$NH_3 + H_2O \rightleftharpoons NH_4^+ + OH^-$　　（×2）◀ \Point!/

沈殿生成　$Ag^+ + OH^- \longrightarrow AgOH$　　　（×2）

+)　脱水　　$2AgOH \longrightarrow Ag_2O + H_2O$
$$2Ag^+ + 2NH_3 + H_2O \longrightarrow Ag_2O + 2NH_4^+$$

▶ 解答　① $Ca^{2+} + SO_4^{2-} \longrightarrow CaSO_4$

② **反応しない**

③ $Fe^{3+} + 3NH_3 + 3H_2O \longrightarrow Fe(OH)_3 + 3NH_4^+$

④ $2Ag^+ + 2NH_3 + H_2O \longrightarrow Ag_2O + 2NH_4^+$

講義テーマ！

錯イオンとは何かを理解し, 錯イオン生成反応の化学反応式をつくることができるように
なりましょう。

1 錯イオン

1 錯イオンとは

重要TOPIC 01

錯イオンとは 説明①

非共有電子対をもつ分子やイオンに, それを提供してもらった状態のイオ
ン。

説明①

例えば, 硫酸亜鉛 $ZnSO_4$ を水中に入れると, 亜鉛はどんな形で存在するので
しょうか。

亜鉛イオン Zn^{2+} と考えた人もいるかもしれませんが, 本当の姿は違います。
本当は, 空になっている最外殻に H_2O が非共有電子対を提供(配位結合)し, 最
外殻が満たされた状態で存在しています。

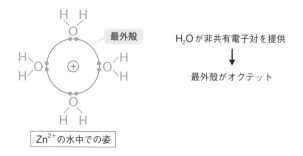

H$_2$O が非共有電子対を提供

↓

最外殻がオクテット

Zn^{2+}の水中での姿

このように，非共有電子対をもっている分子やイオンに，それを提供(配位結合)してもらった状態のイオンを**錯イオン**，非共有電子対を提供している原子や分子を**配位子**といいます。

$$\overset{\text{配位子}}{\underset{\text{通常省略}}{[\mathrm{Zn}\,(\mathrm{H_2O})_4]^{2+}}}$$

　ただし，配位子が H_2O のときは省略する決まりなので，本当は錯イオンで存在していることを忘れがちです。気をつけましょう。

　また，「銅イオン Cu^{2+} の色は青！」と覚えているかもしれませんが，本当は水中で Cu^{2+} は錯イオン $[Cu(H_2O)_4]^{2+}$ で存在しており，この錯イオンの色が青なのです。

$$\text{水中の}Cu^{2+} \xrightarrow{\text{本当は}} \underset{\text{これを省略している}}{[Cu(H_2O)_4]^{2+}} \,(青)$$

　また，錯イオンを含む塩を**錯塩**といいます。

例　ヘキサシアニド鉄(Ⅲ)酸カリウム $K_3[Fe(CN)_6]$

　錯塩は水中で電離しますが，錯イオン自体がバラバラになることはありません。

$$K_3[Fe(CN)_6] \longrightarrow 3K^+ + [Fe(CN)_6]^{3-}$$
錯イオンが Fe^{3+} や CN^- にバラけることはない！

② 錯イオンの名称と形

錯イオンの名称 説明①

$$[M(L)_n]^{m\pm}$$

名称：配位数 n ＋配位子 L 名＋中心金属 M（酸化数）＋酸※＋イオン

（※陰イオンにのみつける）

説明①

まず，錯イオンを次のように考えていきます。

$$[M(L)_n]^{m\pm}$$

$$\begin{cases}
\text{錯イオンをつくっている金属} \rightarrow \textbf{中心金属 M} \\
\text{非共有電子対を提供している原子や分子} \rightarrow \textbf{配位子 L} \\
\text{配位子の数} \rightarrow \textbf{配位数 } n \\
\text{錯イオンの価数} \rightarrow \textbf{\textit{m}}\pm
\end{cases}$$

上記の錯イオンの名称は次のように表します。

配位数 n ＋配位子 L 名＋中心金属 M（酸化数）＋ 酸※ ＋ イオン

（※陰イオンにのみつける）

これに従って錯イオンの名称をつくっていきますが，「酸」とつけるのは陰イオンのときのみです。

また，配位子 L 名は知っておく必要があります。それは，通常の名称と配位子としてはたらくときの名称が異なるためです。例えば NH_3 は通常「アンモニア」とよんでいますが，配位子としてはたらくときには「アンミン」とよびます。

$$NH_3 \qquad [Zn(NH_3)_4]^{2+}$$

アンモニア　　　　アンミン

知っておくべき配位子L名

配位子L	名称	配位子L	名称	配位子L	名称
NH_3	アンミン	OH^-	ヒドロキシド	SCN^-	チオシアナト
H_2O	アクア	CN^-	シアニド	$S_2O_3^{2-}$	チオスルファト
Cl^-	クロリド				

それでは，錯イオンの名称を書いてみましょう。

例　$[Cu(H_2O)_4]^{2+}$　　　テトラアクア銅（Ⅱ）イオン

$\begin{cases} 配位数\ n\ \rightarrow\ 4（テトラ） \\ 配位子L名\ \rightarrow\ H_2O（アクア） \\ 中心金属M\ \rightarrow\ Cu^{2+}（銅（Ⅱ）イオン） \\ 陽イオン\ \rightarrow\ 「酸」はつけない \end{cases}$

次に，錯イオンの名称から化学式を書いてみましょう。

例　ヘキサシアニド鉄（Ⅱ）酸イオン　　　$[Fe(CN)_6]^{4-}$

$\begin{cases} ヘキサ\ \rightarrow\ 配位数6 \\ シアニド\ \rightarrow\ 配位子CN^-（電荷-1） \\ 鉄（Ⅱ）イオン\ \rightarrow\ 中心金属Fe^{2+}（電荷+2） \\ 電荷は，（-1）\times 6+（+2）=-4 \end{cases}$

Q&A

Q 04. 配位子の H_2O は省略するのが決まりなら，配位子が H_2O の錯イオンになっているかどうか，どうやって判断するの？　そして，絶対に表記することはないの？

A 04. 錯イオンをつくる金属のイオンは，すべて水中で配位子が H_2O の錯イオンになっています。そして，錯イオンをつくる金属は **重要TOPIC 03** (→p.68) で扱っています。どんな金属が錯イオンをつくるのか，そこで学んでいきましょうね。

また，配位子の H_2O を強調したいときには表記しますが，通常は省略します。この後の説明にも，配位子の H_2O を表記している場合がありますよ。**省略されていても「本当は H_2O と錯イオンをつくっている」ということが意識できるようになりましょうね。**

演習問題 1 ▶標準レベル

次の①のイオン名，②の化合物名，③の化学式を答えなさい。

① $[Cu(NH_3)_4]^{2+}$　　② $K_3[Fe(CN)_6]$

③ テトラヒドロキシド亜鉛(Ⅱ)酸イオン

\Point!/

配位数＋配位子名＋中心金属(酸化数)＋酸〈陰イオンのみ〉＋イオン‼

▶解説

①配位数 → 4 (テトラ)，配位子名 → NH_3 (アンミン)

　中心金属 → Cu^{2+} (銅(Ⅱ)イオン)，陽イオン → 「酸」はつけない ◀ \Point!/

②配位数 → 6 (ヘキサ)

　配位子名 → CN^- (シアニド)〈電荷 -1〉 ◀ \Point!/

　中心金属 → Fe^{3+} (鉄(Ⅲ)イオン)

K はアルカリ金属なので，電荷は合計で $(+1) \times 3 = +3$　よって，錯イオン全体の電荷は -3。すなわち $[Fe(CN)_6]^{3-}$ とわかります。

配位子の電荷の合計が $(-1) \times 6 = -6$，Fe の電荷を x とすると，次のようになります。

$$(-6) + x = -3 \qquad x = +3$$

これより，中心金属は鉄(Ⅲ)イオン Fe^{3+} であることがわかります。

陰イオン → 「酸」をつける

カリウム塩 → 化合物は「～カリウム」 ◀ \Point!/

③テトラ → 配位数 4

ヒドロキシド → 配位子 OH^- (電荷 -1)

亜鉛(Ⅱ)イオン → 中心金属 Zn^{2+} (電荷 $+2$) ◀ \Point!/

電荷は，$(-1) \times 4 + (+2) = -2$

▶解答　①　**テトラアンミン銅(Ⅱ)イオン**　　②　**ヘキサシアニド鉄(Ⅲ)酸カリウム**

　　　　③　**$[Zn(OH)_4]^{2-}$**

中心金属と配位子の組み合わせ 説明①

代表的な中心金属と配位子の組み合わせは頭に入れておこう

配位子	金属イオン
NH_3	Cu^{2+}, Ag^+, Zn^{2+}
OH^-	**両性金属のイオン**
CN^-	Fe^{2+}, Fe^{3+}, Ag^+
SCN^-	Fe^{3+}
$S_2O_3^{2-}$	Ag^+

説明①

　錯イオンをつくる金属は**3〜12族（遷移元素＋12族）と両性金属の元素**で，錯イオンをつくる配位子との組み合わせは決まっています。

　代表的な組み合わせはしっかりと頭に入れておきましょう。

[1] **配位子 NH_3 → Cu^{2+}, Ag^+, Zn^{2+}**

　上記の3つで基本対応できますが，もう少し広く表現すると3〜12族の金属で1価と2価のイオン（M^+, M^{2+}）です。　　例　Ni^{2+} も NH_3と錯イオンを形成

[2] **配位子 OH^- → 両性金属（Al, Zn, Sn, Pb）のイオン**

　両性金属は酸にも強塩基にも溶解する金属ですが，強塩基に溶解するのは OH^- と錯イオンを形成するためです。

例　$2Al + 6H_2O + 2NaOH \longrightarrow 2Na[Al(OH)_4] + 3H_2$

　反応式のつくり方は「両性金属（→ p.117）」で確認します。今は「両性金属が強塩基（OH^-）と錯イオンをつくる」ということを徹底して覚えておきましょう。

[3] **配位子 CN^- → Fe^{2+}, Fe^{3+}, Ag^+**

　配位子 CN^- と錯イオンをつくる金属の頻出例は上記の3つですが，配位子 CN^- は3〜12族のさまざまな金属と錯イオンをつくります。

［4］**配位子** SCN^- → Fe^{3+}

SCN^- は Fe^{3+} 専門の配位子です。錯イオンの色が血赤色であることから，Fe^{3+} の検出などに利用されます。

［5］**配位子** $S_2O_3{}^{2-}$ → Ag^+

$S_2O_3{}^{2-}$ は Ag^+ 専門の配位子です。塩化銀 $AgCl$ の沈殿にチオ硫酸ナトリウム水溶液 $Na_2S_2O_3aq$ を加えると錯イオンをつくり溶解します。

重要TOPIC 04

配位数と錯イオンの形

・**配位数：中心金属のイオンの価数 × 2** 説明①

(注意：Fe^{2+}，Co^{2+}，Ni^{2+}，Al^{3+})

・**錯イオンの形** 説明②

配位数2 → 直線

配位数4 → 正四面体(Zn^{2+})，正方形(Cu^{2+})

配位数6 → 正八面体

説明①

［1］**配位数**

錯イオンの配位数は，基本的に**中心金属のイオンの価数（酸化数）の2倍**になると考えればOKです。

例 Ag^+ → 配位数2，Zn^{2+} → 配位数4，Fe^{3+} → 配位数6

「中心金属と配位子の組み合わせ」と「配位数の判断」が頭に入っていれば，錯イオンの化学式をつくることができます。

例 Zn^{2+} と OH^- は錯イオンをつくる組み合わせで，配位数は $2 \times 2 = 4$

→ 全体の価数は，$(+2) + (-1) \times 4 = -2$

→ 化学式は $[Zn(OH)_4]^{2-}$

ただし，Fe^{2+}，Co^{2+}，Ni^{2+}，Al^{3+} の錯イオンの配位数は6であることに注意が必要です。

まず，Fe^{2+}，Co^{2+}，Ni^{2+} の錯イオンは，中心金属のイオンの価数（＋2）の2倍になっていません。特に Fe^{2+} は出題されやすいので気をつけましょう。

次に，Al^{3+} の錯イオンの配位数は，基本どおり中心金属のイオンの価数（＋3）の2倍になっていますが，化学式は $[Al(OH)_4]^-$ なので配位数が4だと勘違いしやすいのです。

Al^{3+} の錯イオン $[Al(OH)_4]^-$ の本当の姿は $[Al(OH)_4(H_2O)_2]^-$ で，配位子の H_2O が省略されています。

説明②

［2］錯イオンの形

・**配位数2（Ag^+ の錯イオン）→ 直線**
配位数2の Ag^+ は，直線型になります。

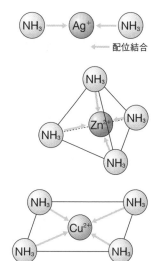

・**配位数4（Zn^{2+} の錯イオン）→ 正四面体**
配位数4の Zn^{2+} は，正四面体型になります。

・**配位数4（Cu^{2+} の錯イオン）→ 正方形**
配位数4の Cu^{2+} は，正方形型になります。
　配位数4の錯イオンについては，Zn^{2+} と Cu^{2+} の錯イオンの形の違いを押さえておきましょう。

・**配位数6（Fe^{3+} などの錯イオン）→ 正八面体**
Fe^{3+} などの配位数6の錯イオンは，正八面体型になります。

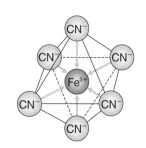

Q 05. どうして配位数4には正四面体と正方形があるの？

A 05. 錯イオンは「配位子に非共有電子対を提供してもらい，最外殻を埋めてもらったイオン」と表現しましたが，正確には「最外殻」ではなく，「電子軌道」を埋めてもらいます。

電子軌道とは，電子殻の中にある，電子が入る部屋のようなもので，s軌道やp軌道，d軌道があります。

正四面体になるのは，s軌道1つとp軌道3つを埋めてもらった錯イオンで，正方形になるのはd軌道とs軌道を1つずつとp軌道2つを埋めてもらった錯イオンです。

2 錯イオン生成反応

重要TOPIC 05

錯イオン生成反応　説明①

「沈殿生成」と「再溶解」の全体が錯イオン生成反応

説明①

まず亜鉛イオン Zn^{2+} を例に，錯イオン生成反応の全体像を確認しましょう。Zn^{2+} は水中で H_2O を配位子とした錯イオン $[Zn(H_2O)_4]^{2+}$ になっていますね。

$$[Zn(H_2O)_4]^{2+}$$

ここに，水酸化物イオン OH^- のような異なる配位子がやってきて H_2O と置き換わっていくのが錯イオン生成反応です。このとき，配位子の交換は一気に進むのではなく，基本的に2つずつ交換されていきます。

それでは，$[Zn(H_2O)_4]^{2+}$ の H_2O 2つを OH^- で置き換えてみましょう。

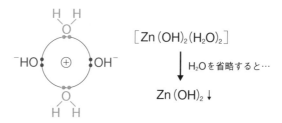

このとき，全体の電荷は $(+2)+(-1)\times 2=0$ となり，電荷をもたないため，水中で沈殿します。すなわち，沈殿生成反応です。

確かに，Zn^{2+} と OH^- は沈殿をつくる組み合わせですね（→ p.55）。

これに関しても，H_2O を省略して書いているだけなのです。

沈殿生成の反応式

・通常の表記　　$Zn^{2+} + 2OH^- \longrightarrow Zn(OH)_2\downarrow$

・本当の姿　　　$[Zn(H_2O)_4]^{2+} + 2OH^- \longrightarrow [Zn(OH)_2(H_2O)_2]\downarrow + 2H_2O$

それでは，残り2つの H_2O を OH^- で置き換えてみましょう。

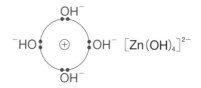

全体の電荷は $(+2)+(-1)\times 4=-2$ となり，再び電荷をもつため，水中に溶解します。

このように，一度生じた沈殿が再び溶解することを**再溶解**といいます。

再溶解の反応式

・通常の表記　$Zn(OH)_2 + 2OH^- \longrightarrow [Zn(OH)_4]^{2-}$

・本当の姿　　$[Zn(OH)_2(H_2O)_2] + 2OH^- \longrightarrow [Zn(OH)_4]^{2-} + 2H_2O$

配位子の H_2O を意識すると，沈殿生成も再溶解も，配位子が置き換わる反応なので，錯イオン生成反応ととらえることができます。

次に，配位子がアンモニア NH_3 のときを考えてみましょう。

水中で NH_3 は一部が電離しているため，NH_3 と OH^- の 2 つが H_2O と置き換わる配位子の候補となります。

$$NH_3 + H_2O \rightleftharpoons NH_4^+ + OH^-$$

候補 1   候補 2

このとき，$[Zn(H_2O)_4]^{2+}$ の最初の H_2O 2 つは OH^- と置き換わり，電荷がなくなるため沈殿します。

$[Zn(H_2O)_4]^{2+}$（正電荷）に対し，OH^-（負電荷）が近づきやすいと考えましょう。

沈殿生成の反応式

・通常の表記　$Zn^{2+} + 2OH^- \longrightarrow Zn(OH)_2\downarrow$

・本当の姿　　$[Zn(H_2O)_4]^{2+} + 2OH^- \longrightarrow [Zn(OH)_2(H_2O)_2]\downarrow + 2H_2O$

そして，電荷をもたない $Zn(OH)_2$ の状態では，圧倒的に数の多い NH_3 が置き換わりやすくなります。NH_3 は弱塩基で少ししか電離していないため，OH^- に比べると NH_3 の方が多いのです。

$$NH_3 + H_2O \rightleftharpoons NH_4^+ + OH^-$$

多い   少ない

最終的に H_2O 4 つすべてが置き換わり，電荷をもつため再溶解します。

再溶解の反応式

・通常の表記　$Zn(OH)_2 + 4NH_3 \longrightarrow [Zn(NH_3)_4]^{2+} + 2OH^-$

・本当の姿　　$[Zn(OH)_2(H_2O)_2] + 4NH_3 \longrightarrow [Zn(NH_3)_4]^{2+} + 2OH^- + 2H_2O$

このように，沈殿生成と再溶解の全体が錯イオン生成反応なのです。

錯イオン生成反応の反応式 説明①

- 配位子の H_2O は省略する
- XO型は形式的に H_2O を加えて XOH 型にする（中和反応と同様）

説明①

錯イオン生成反応の化学反応式を書くためには，「沈殿をつくるイオンの組み合わせ（→ p.55）」「錯イオンをつくる金属と配位子の組み合わせ（→ p.68）」をきちんと頭に入れておく必要があります。まずはそれらを徹底しましょう。

そして，化学反応式を書くときの注意点は次の2点です。

- **配位子の H_2O は省略する**
- **反応物に XO 型があるときは形式的に H_2O を加えて XOH 型にする**（→ p.15）

  （沈殿生成に関しては，反応式を書くときの注意点（→ p.60）に従います。）

  以上をふまえ，次の例のイオン反応式を書いてみましょう。

例 ①硫酸銅（Ⅱ）水溶液にアンモニア水を加えると沈殿を生じた

②その後，アンモニア水を加え続けると沈殿が溶解した

①沈殿生成

アルカリ金属とアルカリ土類金属以外の金属イオンは，塩基性にすると水酸化物の沈殿を生じます。NH_3 は弱塩基なのでイオンにしてはいけませんね。

$$NH_3 + H_2O \longrightarrow NH_4^+ + OH^- \quad (\times 2)$$

$$+)\ \underline{Cu^{2+} + 2OH^- \longrightarrow Cu(OH)_2 \qquad\qquad}$$

$$Cu^{2+} + 2NH_3 + 2H_2O \longrightarrow Cu(OH)_2 + 2NH_4^+$$

②再溶解

Cu^{2+} と NH_3 は錯イオンをつくる組み合わせなので，再溶解が進行します。

$$Cu(OH)_2 + 4NH_3 \longrightarrow [Cu(NH_3)_4]^{2+} + 2OH^-$$

このとき生じる錯イオンの溶液がシュバイツァー試薬です（→有機化学編 p.246）。

実践！ 演習問題 **2**   ▶▶発展レベル

　次のときに起こる反応をイオン反応式で書きなさい。反応が進行しない場合は「進行しない」と答えなさい。

①　硝酸銀水溶液にアンモニア水を少量加える

②　①にさらにアンモニア水を加える

\Point!/

配位子の H_2O は省略する！　XO型は H_2O を加えて XOH 型に変える‼

▶ 解説

① 沈殿生成です。ただし，Ag^+ の水酸化物は常温で脱水を起こし，酸化物が生じることに注意しましょう（→ p.57）。

$$
\begin{array}{lll}
\text{電離} & NH_3 + H_2O \rightleftharpoons NH_4^+ + OH^- & (\times 2) \\
\text{沈殿生成} & Ag^+ + OH^- \longrightarrow AgOH & (\times 2) \\
+) \quad \text{脱水} & 2AgOH \longrightarrow Ag_2O + H_2O & \\
\hline
& 2Ag^+ + 2NH_3 + H_2O \longrightarrow Ag_2O + 2NH_4^+ &
\end{array}
$$

② Ag^+ と NH_3 は錯イオンをつくる組み合わせなので，再溶解します。

　Ag_2O は XO 型なので H_2O を加えて XOH 型に変えてみましょう。

$$
\begin{array}{ll}
\quad Ag_2O + H_2O \longrightarrow 2AgOH & \text{◀ \Point!/} \\
+) \quad AgOH + 2NH_3 \longrightarrow [Ag(NH_3)_2]^+ + OH^- & (\times 2) \\
\hline
Ag_2O + H_2O + 4NH_3 \longrightarrow 2[Ag(NH_3)_2]^+ + 2OH^- &
\end{array}
$$

　慣れてきたら頭の中で考えて一発でつくってもよいですが，それまでは，それぞれの式を書いて1つにまとめる練習をしておきましょう。

▶ 解答　① $2Ag^+ + 2NH_3 + H_2O \longrightarrow Ag_2O + 2NH_4^+$

　　　　② $Ag_2O + H_2O + 4NH_3 \longrightarrow 2[Ag(NH_3)_2]^+ + 2OH^-$

講義テーマ！

分解反応とは何かを学び, これから先のテーマで意識できるようになりましょう。

1 分解反応

重要TOPIC 01

分解反応とは 説明①

1つの化合物が2つ以上の物質に変化する反応
・加熱や触媒の条件が必要なものが多い
・生成物は空気中で安定なものが多い

説明①

1つの化合物が2つ以上の物質に変化する反応を**分解反応**といいます。

通常は進行しにくい反応を, 加熱したり触媒を加えたりすることで進行させるものが多いのが特徴の1つです。

$$X \longrightarrow Y + Z$$

1つの化合物が　　　2つ以上の物質に

工業的製法(→ p.131)や気体の実験室的製法(→ p.80)で利用されるものなど, ある程度知っておく必要があります。

また, 分解反応の生成物は空気中で安定なもの(N_2, O_2, CO_2, H_2O など)が多いのも特徴です。

代表的な分解反応 　説明①

工業的製法や気体の実験室的製法で扱うものを１つずつ確認しておこう

説明①

　ここで代表的な分解反応を取り上げておきますが，そのほとんどは工業的製法や気体の実験室的製法で登場するので，詳細はその都度確認し，頭に入れておきましょう。

　１つの物質が２つ以上の物質に変化するときは分解反応として扱いますが，酸化還元反応(の分解反応)も多いです。
　酸化還元反応が不十分なときはしっかり復習しておきましょう。

代表的な分解反応

$$2H_2O_2 \longrightarrow 2H_2O + O_2 \quad (MnO_2 触媒)$$
過酸化水素

酸素 O_2 の実験室的製法の１つです。酸化還元反応でもあります。

$$2KClO_3 \longrightarrow 2KCl + 3O_2 \quad (MnO_2 触媒・加熱要)$$
塩素酸カリウム

酸素 O_2 の実験室的製法の１つです。酸化還元反応でもあります。

$$NH_4NO_2 \longrightarrow N_2 + 2H_2O \quad (加熱要)$$
亜硝酸アンモニウム

窒素 N_2 の実験室的製法です。酸化還元反応でもあります。

$$HCOOH \longrightarrow CO + H_2O \quad (濃硫酸触媒・加熱要)$$
ギ酸

　一酸化炭素 CO の実験室的製法です。濃硫酸の脱水作用(→ p.261)を利用します。

6
講

分
解
反
応

$$2NaHCO_3 \longrightarrow Na_2CO_3 + H_2O + CO_2 \quad \text{(加熱要)}$$
炭酸水素ナトリウム

　炭酸ナトリウム Na_2CO_3 の工業的製法であるアンモニアソーダ法の一部です。

　常温では逆反応が進行し，特にカルシウム塩については二酸化炭素 CO_2 の検出法として頻出です（$CaCO_3 + H_2O + CO_2 \longrightarrow Ca(HCO_3)_2$）。

$$CaCO_3 \longrightarrow CaO + CO_2 \quad \text{(加熱要)}$$
炭酸カルシウム

　炭酸ナトリウム Na_2CO_3 の工業的製法（アンモニアソーダ法），鉄の工業的製法で登場します。取り上げられやすい分解反応の1つです。

$$CuSO_4 \cdot 5H_2O \longrightarrow CuSO_4 + 5H_2O \quad \text{(加熱要)}$$
硫酸銅（Ⅱ）五水和物

　詳細は次のようになります。

$$CuSO_4 \cdot 5H_2O \longrightarrow CuSO_4 \cdot H_2O \longrightarrow CuSO_4 \longrightarrow CuO + SO_3$$
$$(2SO_3 \rightleftharpoons 2SO_2 + O_2)$$

　硫酸銅（Ⅱ）に限らず，水和物は加熱により水和水を失います。

第 **2** 章

無機化合物の性質

講義テーマ！

今まで学んだ反応を使って，気体の製法や性質を確認していきましょう。

1 気体の実験室的製法

1 気体の製法で問われること

重要TOPIC 01

気体の製法で問われること

・反応物を与えられたとき 説明①

　→反応物の組み合わせから何反応かを判断する

・目的の気体を与えられたとき 説明②

　→どんな性質の気体かを考え，何反応でつくることができるかを判断する

　気体の製法に関する問題は，大きく分けて2種類あります。

説明①

[1] **反応物を与えられたとき**

　「反応物を与えられ，発生する気体を答える（または化学反応式を書く）」というものです。

$$\text{反応物 X} + \text{反応物 Y} \longrightarrow \ ?$$

何反応？

　このときは，反応物の組み合わせから反応名を判断しましょう。そうすることで，発生する気体はもちろん化学反応式もつくることができます。

例 塩化アンモニウム NH_4Cl ＋水酸化カルシウム $Ca(OH)_2$

$\longrightarrow$ 発生する気体は？

弱塩基のイオンの組み合わせ（NH_4^+ ＋ OH^-）があるため，弱塩基遊離反応（→p.25）によってアンモニア NH_3 が発生します（NH_4^+ ＋ OH^- $\longrightarrow$ NH_3 ＋ H_2O）。

説明②

［2］**目的の気体を与えられたとき**

「目的の気体を与えられ，必要な反応物を答える（もしくは化学反応式を書く）」というものです。

どんな性質？

何を反応させる？ $\longrightarrow$ **目的の気体**

何反応？

このときはまず，気体の性質を考え，何反応でつくればよいかを判断しましょう。そうすることで，必要な反応物を答えられるだけでなく，「反応物 A を反応物 B に置き換えてもよい」といった判断もできるようになります。

例 アンモニア NH_3 をつくりたい→何を反応させたらいい？

NH_3 は弱塩基性です。よって，弱塩基遊離反応でつくることができます。すなわち NH_4^+ と OH^-（強塩基）の組み合わせを準備すればよいのです。

NH_4Cl と $Ca(OH)_2$ の組み合わせに限らず，$(NH_4)_2SO_4$ と $NaOH$ でもよいでしょう。

気体の製法で出題されやすいのは［1］**反応物を与えられたとき**の形式です。まずは反応物から反応名を判断し，生成する気体を答えられるようになりましょう。

そして，最終的に［2］**目的の気体を与えられたとき**のように，特定の気体をつくるために必要な反応物を考えられるようになっておくと，気体の製法のほとんどは暗記することなくその場で対応できます。

いずれにせよ，「無機化学の反応」で学んだ反応に関して，しっかり復習し演習を積んだ上で，次ページからの製法に入りましょう。

② 加熱が必要な製法

重要TOPIC 02

加熱が必要な製法 〔説明①〕

・濃硫酸を使用するとき
・固体と固体(固体のみ)を反応させるとき
・MnO_2 を酸化剤◎として使用するとき

〔説明①〕

　気体の製法において，加熱が必要か不必要かを製法ごとに頭に入れていくのは大変です。大きくくくって頭に入れておきましょう。

[1] 濃硫酸を使用するとき

　濃硫酸を使用する反応は，反応名によらず加熱が必要になります。

例　銅 + 濃硫酸(SO_2 の製法)，ギ酸 + 濃硫酸(CO の製法)

　「目的の気体を得るために何反応を利用すればよいか，必要な反応物は何か」を考えることができれば，「反応物に濃硫酸が必要」と判断したときは加熱も必要となります。

[2] 固体と固体(固体のみ)を反応させるとき

　固体と固体を反応させるときは加熱が必要です。

例　塩化アンモニウム + 水酸化カルシウム(NH_3 の製法)

[3] 酸化マンガン(IV)MnO_2 を酸化剤◎として使用するとき

　気体の製法で MnO_2 は触媒として使用することがほとんどですが，塩素 Cl_2 の製法では酸化剤◎として使用します(→ p.85)。

例　酸化マンガン(IV) + 濃塩酸(Cl_2 の製法)

　加熱が必要な製法でよく出題されるものは「<u>濃硫酸を使うとき，NH_3 の製法，Cl_2 の製法</u>」です。

重要TOPIC 03

酸化還元反応でつくる気体 [説明①]

・反応物が酸化剤◎と還元剤Ⓡの組み合わせになっているとき
・目的の気体が酸化剤◎や還元剤Ⓡからの生成物であるとき

[説明①]

「反応物が酸化剤◎と還元剤Ⓡの組み合わせになっているとき」は，酸化還元反応と考え，酸化剤◎と還元剤Ⓡがそれぞれ何に変化するか（→ p.42）を思い出して，生成する気体を判断しましょう。

例　銅 Cu ＋ 希硝酸 HNO₃

　　銅は還元剤Ⓡ，希硝酸は酸化剤◎であるため，酸化還元反応が進行します。

　　希硝酸は酸化剤◎として反応した後，一酸化窒素 NO に変化するため，発生する気体は NO とわかります。

「目的の気体が酸化剤◎や還元剤Ⓡからの生成物であるとき」は，酸化還元反応が進行する反応物から気体をつくります。

例　一酸化窒素 NO をつくりたい

　　一酸化窒素 NO は希硝酸が酸化剤◎としてはたらいたときに生じるものなので，還元剤Ⓡと希硝酸を反応させればつくることができます。

　　還元剤Ⓡは先述の例の銅 Cu はもちろん，銀 Ag でもよいでしょう。

Q & A

Ⓠ 06.　NO の製法として亜鉛 Zn と希硝酸でもいい？

Ⓐ 06.　それは適切ではありません。その組み合わせでも NO が発生しますが，亜鉛 Zn はイオン化傾向が H_2 より大きいため，希硝酸の H^+ と反応し，水素 H_2 も発生します。NO と H_2 の混合気体が生じてしまうのです。よって，NO の製法としては不適切となります。NO の製法として使うのは，Cu や Ag のようなイオン化傾向が H_2 より小さく，希硝酸と反応する金属がよいでしょう。

酸化還元反応を利用した代表的な気体の製法

	気体	製法	化学反応式
[1]	H_2	亜鉛＋希硫酸	$Zn + H_2SO_4 \longrightarrow ZnSO_4 + H_2$
[2]※	SO_2	銅＋熱濃硫酸	$Cu + 2H_2SO_4 \longrightarrow CuSO_4 + SO_2 + 2H_2O$
[3]	NO_2	銅＋濃硝酸	$Cu + 4HNO_3 \longrightarrow Cu(NO_3)_2 + 2NO_2 + 2H_2O$
[4]	NO	銅＋希硝酸	$3Cu + 8HNO_3 \longrightarrow 3Cu(NO_3)_2 + 2NO + 4H_2O$
[5]※	Cl_2	酸化マンガン(IV)＋濃塩酸	$MnO_2 + 4HCl \longrightarrow MnCl_2 + 2H_2O + Cl_2$
		高度さらし粉＋塩酸 （加熱不要）	$Ca(ClO)_2 \cdot 2H_2O + 4HCl$ $\longrightarrow CaCl_2 + 4H_2O + 2Cl_2$

※加熱が必要な製法。

　化学反応式はすべて「半反応式のつくり方(→ p.49)」「酸化還元反応式のつくり方(→ p.51)」に従います。

[1] 水素 H_2　【Ⓡ＋H^+(Ⓞ)　$\longrightarrow$　H_2】

　イオン化傾向が H_2 より大きい Zn(Ⓡ)は，希酸 H^+(Ⓞ→ H_2 へ変化)と反応して H_2 を発生させます。

　イオン化傾向が H_2 より大きい金属であれば基本的に H^+ と反応するため，Zn を鉄 Fe にかえてもよいし，希硫酸を塩酸にかえてもよいでしょう。

　　$Fe + H_2SO_4 \longrightarrow FeSO_4 + H_2$

　　$Zn + 2HCl \longrightarrow ZnCl_2 + H_2$

[2] 二酸化硫黄 SO_2　【Ⓡ＋熱濃硫酸(Ⓞ)　$\longrightarrow$　SO_2】 ※加熱要

　Cu(Ⓡ)と熱濃硫酸(Ⓞ→ SO_2 へ変化)の酸化還元反応により，SO_2 が発生します。

　還元剤Ⓡと熱濃硫酸の組み合わせになっていればよいので，Cu を Ag にかえてもよいでしょう。

　　$2Ag + 2H_2SO_4 \longrightarrow Ag_2SO_4 + SO_2 + 2H_2O$

　いずれにしても，濃硫酸を使用するため加熱が必要です(→ p.82)。

[3] 二酸化窒素 NO_2【Ⓡ＋濃硝酸(Ⓞ)　$\longrightarrow$　NO_2】

　Cu(Ⓡ)と濃硝酸(Ⓞ→ NO_2 へ変化)の酸化還元反応により，NO_2が発生します。

還元剤Ⓡと濃硝酸の組み合わせになっていればよいので，Cu を Ag にかえてもよいでしょう。

$$Ag + 2HNO_3 \longrightarrow AgNO_3 + NO_2 + H_2O$$

[4] **一酸化窒素 NO 【Ⓡ＋希硝酸(Ⓞ) ⟶ NO】**

Cu(Ⓡ)と希硝酸(Ⓞ→ NO へ変化)の酸化還元反応により，NO が発生します。

還元剤Ⓡと希硝酸の組み合わせになっていればよいので，Cu を Ag にかえてもよいでしょう。

$$3Ag + 4HNO_3 \longrightarrow 3AgNO_3 + NO + 2H_2O$$

[5] **塩素 Cl_2 【Cl^-(Ⓡ)＋Ⓞ ⟶ Cl_2】**

塩酸の Cl^-(Ⓡ→ Cl_2)と酸化剤Ⓞの酸化還元反応により，Cl_2 が発生します。

酸化剤Ⓞとして酸化マンガン(Ⅳ) MnO_2 を使用する場合　※加熱要

使用する酸化剤Ⓞの MnO_2 は「弱い」酸化剤Ⓞであるため，加熱が必要です。

> **あえて弱い酸化剤Ⓞを使用する理由**
>
> 発生する Cl_2 は有毒なので，実験中に器具の破損などにより漏れると非常に危険です。$KMnO_4$（強い酸化剤Ⓞ）を使っていたら，漏れはじめた Cl_2 を止めることができませんが，弱い酸化剤Ⓞである MnO_2 での反応には加熱が必要であるため，ガスバーナーをフラスコからずらすだけで Cl_2 の発生を中止することができます。
>
> よって，MnO_2 を $KMnO_4$ や $K_2Cr_2O_7$ などに置き換えることはありません。

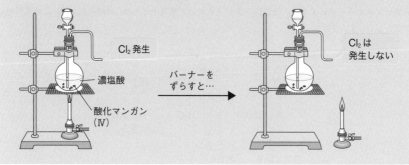

実験装置

この製法に関しては，実験装置も大切です。

$$MnO_2 + 4HCl \longrightarrow MnCl_2 + 2H_2O + Cl_2$$

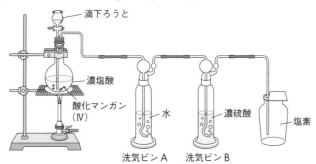

フラスコから出てくる混合気体の成分は，目的の気体である Cl_2 以外に，H_2O（加熱しているため），反応物でもある HCl（揮発性）があります。

ここから H_2O と HCl を取り除くため，2つの洗気ビン（A・B）に通じます。

・洗気ビンA（H_2O）

1つ目の洗気ビン A には H_2O を入れ，H_2O に非常によく溶ける HCl（→ p.98）を取り除きます。

・洗気ビンB（濃硫酸）

2つ目の洗気ビン B には吸湿性をもつ濃硫酸を入れ，H_2O を取り除きます。

※洗気ビン A と B を逆にすると，洗気ビン A に入れた水が蒸発するため，目的の気体 Cl_2 に水蒸気 H_2O が混入してしまいます。

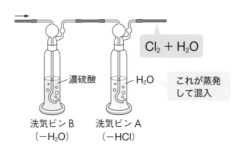

・下方置換で捕集

Cl_2 は水に溶け，空気より重い気体(→ p.98)のため，下方置換で捕集します。

Q 07. 洗気ビン A の水に，目的の気体である Cl_2 が溶けちゃうんじゃないの？

A 07. たしかに Cl_2 は水溶性の気体です。しかし，この状況では非常に溶けにくい状態になっています。

Cl_2 は次のような平衡状態となって水に溶解しますが(→ p.266)，このとき，水に非常によく溶ける HCl が存在するため，平衡が左に移動し，Cl_2 はほとんど水に溶解しません。

$$Cl_2 + H_2O \rightleftharpoons \underset{\text{多量}}{HCl + HClO}$$

酸化剤◎として高度さらし粉 $Ca(ClO)_2 \cdot 2H_2O$ を使用する場合

正確には，高度さらし粉 $Ca(ClO)_2 \cdot 2H_2O$ が酸化剤◎ではありません。

まず，$Ca(ClO)_2 \cdot 2H_2O$ と塩酸の弱酸遊離反応により，弱酸の次亜塩素酸 HClO が生成します。

弱酸遊離反応　$Ca(ClO)_2 \cdot 2H_2O + 2HCl \longrightarrow 2HClO + CaCl_2 + 2H_2O$　…(1)

そして，Cl^-(還元剤®)と HClO(酸化剤◎)の酸化還元反応により，Cl_2 が発生します。

酸化還元反応　$HCl + HClO \longrightarrow Cl_2 + H_2O$　…(2)

式(1)＋式(2)×2 より，最終的な式が得られます。

$$Ca(ClO)_2 \cdot 2H_2O + 4HCl \longrightarrow CaCl_2 + 4H_2O + 2Cl_2$$

高度さらし粉のかわりにさらし粉 $CaCl(ClO) \cdot H_2O$ を使っても同様です。

弱酸遊離反応　$CaCl(ClO) \cdot H_2O + HCl \longrightarrow HClO + CaCl_2 + H_2O$

＋)　酸化還元反応　$HCl + HClO \longrightarrow Cl_2 + H_2O$

$$CaCl(ClO) \cdot H_2O + 2HCl \longrightarrow Cl_2 + CaCl_2 + 2H_2O$$

重要TOPIC 04

弱酸（弱塩基）遊離反応でつくる気体 説明①

・反応物が「弱酸の塩＋強酸」「弱塩基の塩＋強塩基」のとき

・目的の気体が弱酸性や弱塩基性であるとき

説明①

「反応物が弱酸の塩 ＋ 強酸，もしくは弱塩基の塩 ＋ 強塩基の組み合わせになっているとき」は，弱酸（弱塩基）遊離反応と考え，生成する気体を判断しましょう。

例　塩化アンモニウム NH_4Cl ＋ 水酸化カルシウム $Ca(OH)_2$　（詳細→ p.89）

「目的の気体が弱酸性や弱塩基性であるとき」は，弱酸（弱塩基）遊離反応が進行する反応物から気体をつくります。

例　アンモニアをつくりたい　（詳細→p.89）

弱酸（弱塩基）遊離反応を利用した代表的な気体の製法

	気体	製法	化学反応式
[1]	H_2S	硫化鉄（Ⅱ）＋希塩酸	$FeS + 2HCl \longrightarrow FeCl_2 + H_2S$
[2]	SO_2	亜硫酸水素ナトリウム＋希硫酸	$2NaHSO_3 + H_2SO_4 \longrightarrow Na_2SO_4 + 2H_2O + 2SO_2$
[3]※	NH_3	塩化アンモニウム＋水酸化カルシウム	$2NH_4Cl + Ca(OH)_2 \longrightarrow CaCl_2 + 2NH_3 + 2H_2O$
[4]	CO_2	炭酸カルシウム＋希塩酸	$CaCO_3 + 2HCl \longrightarrow CaCl_2 + H_2O + CO_2$
[5]	C_2H_2	炭化カルシウム＊＋水（＊カルシウムカーバイド）	$CaC_2 + 2H_2O \longrightarrow Ca(OH)_2 + C_2H_2$

※加熱が必要な製法。

化学反応式はすべて「弱酸（弱塩基）遊離反応の反応式のつくり方（→ p.25）」に従います。

[1] 硫化水素 H_2S 【S^{2-}（弱酸の塩）＋H^+（強酸） $\longrightarrow$ H_2S（弱酸）】

硫化鉄（Ⅱ）FeS（弱酸の塩）と塩酸（強酸）から H_2S（弱酸）が生成します。FeS を硫化ナトリウム Na_2S，希塩酸を希硫酸にかえても同様に H_2S（弱酸）が得られます。

$$Na_2S + 2HCl \longrightarrow H_2S + 2NaCl$$

$$FeS + H_2SO_4 \longrightarrow H_2S + FeSO_4$$

[2] 二酸化硫黄 SO_2 【HSO_3^-（弱酸の塩）＋H^+（強酸） $\longrightarrow$ 亜硫酸 $H_2O + SO_2$（弱酸）】

$NaHSO_3$（弱酸の塩）と希硫酸（強酸）から亜硫酸 $H_2O + SO_2$（弱酸）が生成します。希硫酸を塩酸にかえても同様の反応が進行します。

$$NaHSO_3 + HCl \longrightarrow H_2O + SO_2 + NaCl$$

[3] アンモニア NH_3 【NH_4^+（弱塩基の塩）＋OH^-（強塩基） $\longrightarrow$ $NH_3 + H_2O$（弱塩基）】 ※加熱要

NH_4Cl（弱塩基の塩）と $Ca(OH)_2$（強塩基）から NH_3（弱塩基）が生成します。
NH_4Cl を $(NH_4)_2SO_4$，$Ca(OH)_2$ を $NaOH$ にかえても同様の反応が進行します。

$$(NH_4)_2SO_4 + 2NaOH \longrightarrow Na_2SO_4 + 2NH_3 + 2H_2O$$

固体と固体の反応になるため，加熱が必要（→ p.82）です。

実験装置

この製法に関しては，実験装置も大切です。

$$2NH_4Cl（固）+ Ca(OH)_2（固） \longrightarrow CaCl_2 + 2NH_3 + 2H_2O$$

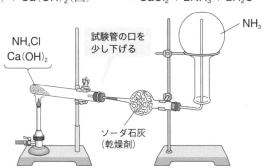

NH₄Cl Ca(OH)₂ ・ 試験管の口を少し下げる ・ NH₃ ・ ソーダ石灰（乾燥剤）

・ソーダ石灰

　試験管で発生する気体は NH_3 ＋ H_2O (水蒸気)の混合気体になるため，乾燥剤であるソーダ石灰(→ p.102)に通じて H_2O を取り除きます。

・上方置換で捕集

　NH_3 は水に非常によく溶け，空気より軽い気体(→ p.98)のため，上方置換で捕集します。

注　試験管内で発生する H_2O (水蒸気)の一部が液体に変化して加熱部分に戻ってくると，試験管が破損する可能性があります。それを防ぐため，試験管の口を少し下げて実験を行います(→ p.89図)。

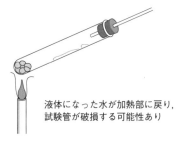

液体になった水が加熱部に戻り，
試験管が破損する可能性あり

[4] 二酸化炭素 CO_2【CO_3^{2-}(弱酸の塩) ＋ H^+(強酸)

$$\longrightarrow \quad 炭酸 H_2O ＋ CO_2(弱酸)】$$

$CaCO_3$ (弱酸の塩)と希塩酸(強酸)から炭酸 H_2O ＋ CO_2 (弱酸)が生成します。
$CaCO_3$ を Na_2CO_3 にかえても同様の反応が進行します。

$$Na_2CO_3 ＋ 2HCl \quad \longrightarrow \quad H_2O ＋ CO_2 ＋ 2NaCl$$

Q & A

Q 08. 希塩酸を希硫酸にかえてもいいの？

A 08. 希硫酸も希塩酸と同じ強酸ですが，適切ではありません。希硫酸を使用すると，生成物の硫酸カルシウム $CaSO_4$ (沈殿)で反応物の $CaCO_3$ の周りが覆われ，反応が進行しにくくなるためです。

$$CaCO_3 ＋ H_2SO_4 \quad \longrightarrow \quad H_2O ＋ CO_2 ＋ CaSO_4 \downarrow$$

実験装置

この製法に関しては，実験装置も大切です。

$$CaCO_3(固) + 2HCl(液) \longrightarrow CaCl_2 + H_2O + CO_2$$

・発生装置

この製法のように，固体と液体を加熱せずに反応させるときには次の①〜③のような方法があります。

①ふたまた試験管

右図のように，ふたまた試験管には一方のみにくぼみがあります。くぼみのある方に固体(石灰石)，ない方に液体(塩酸)を入れます。

塩酸　　　石灰石
(液体)　　(固体)

<u>反応させるとき</u>

試験管を傾け，液体を固体の方に流し込みます。固体と液体が混ざり，反応がはじまります。

<u>反応を止めるとき</u>

試験管を逆に傾け，液体をくぼみのない方に戻します。固体と液体が別々になり，反応が停止します。

②三角フラスコ

三角フラスコに固体(石灰石)，滴下ろうとに液体(塩酸)を入れます。滴下ろうとのコックを開くと液体が三角フラスコに入り，反応がはじまります。

滴下ろうと

コックを開くと…

③キップの装置

右図のように，キップの装置はaをbの穴に差し込んだ状態です。

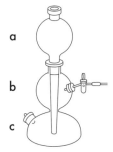

bに固体（石灰石），aに液体（塩酸）を入れます。このとき，装置内の内圧により，すべての液体がcやbに流れ込むことはありません。

閉じたまま

| 反応させるとき |

コックを開くと内圧が低下し，液体がa→c→bの順に流れ込み，固体と液体が混ざって反応がはじまります。

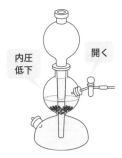

内圧低下　　開く

| 反応を止めるとき |

コックを閉じると再び内圧が上昇し，液体がbからc，aへと戻るため，固体と液体が別々になり，反応が停止します。

内圧上昇　　閉じる

・下方置換で捕集

CO_2は水溶性で空気より重い気体（→ p.98）のため，下方置換で捕集します。

[5]アセチレン C_2H_2【$^-C \equiv C^-$（比べて弱い酸の塩）＋H_2O（比べて強い酸）

$\longrightarrow$ C_2H_2（比べて弱い酸）】

広義の弱酸遊離反応（→ p.26）を利用しています。

C_2H_2 も H_2O も中性ですが，電離定数は H_2O の方が大きいため，C_2H_2 は「比べて弱い酸」，H_2O は「比べて強い酸」と表現できます。

カルシウムカーバイド CaC_2（比べて弱い酸の塩）と H_2O（比べて強い酸）から C_2H_2（比べて弱い酸）が生成します。

※無機化学より有機化学で出題されやすいため，有機化学編も参照しておきましょう（有機化学編→p.97）。

⑤ 揮発性の酸遊離反応を利用した気体の製法

重要TOPIC 05

揮発性の酸遊離反応でつくる気体 説明①

・反応物が「揮発性の酸の塩＋濃硫酸」のとき

・目的の気体が「揮発性の酸」であるとき

説明①

「反応物が揮発性の酸の塩＋濃硫酸の組み合わせになっているとき」は，揮発性の酸遊離反応と考え，生成する気体を判断しましょう。

例　塩化ナトリウム $NaCl$ ＋濃硫酸 H_2SO_4

揮発性の酸の塩（$NaCl$）と濃硫酸の組み合わせなので，揮発性の酸遊離反応により揮発性の酸（HCl）が発生します。

「目的の気体が揮発性の酸であるとき」は，揮発性の酸遊離反応が進行する反応物から気体をつくります。

例　塩化水素 HCl をつくりたい

HCl は揮発性の酸なので，Cl^-（揮発性の酸の塩）と濃硫酸を加熱すると，揮発性の酸遊離反応が進行し HCl が発生します。

揮発性の酸遊離反応を利用した代表的な気体の製法

	気体	製法	化学反応式
[1]※	HCl	塩化ナトリウム＋濃硫酸	$NaCl + H_2SO_4 \longrightarrow NaHSO_4 + HCl$
[2]※	HF	フッ化カルシウム*＋濃硫酸 (＊ホタル石)	$CaF_2 + H_2SO_4 \longrightarrow CaSO_4 + 2HF$

※加熱が必要な製法。

化学反応式はすべて「揮発性の酸遊離反応の反応式のつくり方(→ p.33)」に従います。

[1] 塩化水素 HCl【Cl⁻(揮発性の酸の塩)＋H₂SO₄(不揮発性の酸)

⟶ HCl(揮発性の酸)】 ※加熱要

NaCl(揮発性の酸の塩)と濃硫酸(不揮発性の酸)から HCl(揮発性の酸)が生成します。

NaCl を KCl にかえても同様に HCl が得られます。

$$KCl + H_2SO_4 \longrightarrow KHSO_4 + HCl$$

また，濃硫酸を使う反応なので，加熱が必要です(→ p.82)。

[2] フッ化水素 HF【F⁻(揮発性の酸の塩)＋H₂SO₄(不揮発性の酸)

⟶ HF(揮発性の酸)】 ※加熱要

CaF₂(揮発性の酸の塩)と濃硫酸(不揮発性の酸)から HF(揮発性の酸)が生成します。CaF₂ はホタル石ともいわれます。

また，濃硫酸を使う反応なので，加熱が必要です(→ p.82)。

Q & A

Q 09. 硝酸も揮発性の酸じゃないの？

A 09. そのとおりです。しかし，常温常圧で液体なので「気体の製法」としては扱いません。

せっかくなので，硝酸の実験室的製法として復習しておきましょうね。

$$NaNO_3 + H_2SO_4 \longrightarrow NaHSO_4 + HNO_3$$

ちなみに，NaNO₃ はチリ硝石ともよばれます。

6 分解反応を利用した気体の製法

重要TOPIC 06

分解反応でつくる気体 [説明①]

　酸化還元反応・弱酸(弱塩基)遊離反応・揮発性の酸遊離反応，いずれにも
あてはまらない気体の製法

[説明①]

　これまでに扱った製法にあてはまらない気体は，分解反応でつくります。

分解反応を利用した代表的な気体の製法

	気体	製法	化学反応式
[1]	O_2	過酸化水素＋酸化マンガン(IV)* (＊触媒)加熱不要	$2H_2O_2 \longrightarrow 2H_2O + O_2$
[2]※		塩素酸カリウム＋酸化マンガン(IV)* (＊触媒)	$2KClO_3 \longrightarrow 2KCl + 3O_2$
[3]※	N_2	亜硝酸アンモニウム	$NH_4NO_2 \longrightarrow N_2 + 2H_2O$
[4]※	CO	ギ酸＋濃硫酸* (＊触媒)	$HCOOH \longrightarrow CO + H_2O$

※加熱が必要な製法。

　これらの製法はある程度知っておく必要があります。加熱や触媒が必要な場合
がほとんどなので，条件をしっかり確認しておきましょう。

[1] 酸素 O_2【過酸化水素 H_2O_2 の分解】 ※ MnO_2 触媒

　過酸化水素 H_2O_2 は，酸化剤○としても還元剤®としてもはたらきます(→p.43)。

　○　$H_2O_2 + 2H^+ + 2e^- \longrightarrow 2H_2O$ 　　　…(1)

　®　$H_2O_2 \longrightarrow O_2 + 2H^+ + 2e^-$ 　　　…(2)

　よって，自分自身で酸化還元反応を起こしてしまいます(自己酸化還元)。

　(1)式＋(2)式より，　　$2H_2O_2 \longrightarrow 2H_2O + O_2$

　この反応はきわめてゆっくりと進行しますが，酸化マンガン(IV) MnO_2 が存在
するとスムーズに進行します。

　これは酸化還元反応ですが，1つの化合物が2つ以上の物質に分かれているの
で，分解反応として分類されます。

［2］酸素 O_2【塩素酸カリウム $KClO_3$ の分解】 ※ MnO_2 触媒・加熱要

塩素酸カリウム $KClO_3$ の Cl 原子の酸化数は ＋５です。しかし，ハロゲンは酸化数 －１が一番安定であるため，$Cl^-(KCl)$ に変化します。このとき，もう１つの生成物は O_3 ではなく，空気中でより安定な O_2 になります。

この製法も，分解反応に分類される酸化還元反応です。また，固体のみの反応なので加熱が必要です。

［3］窒素 N_2【亜硝酸アンモニウム NH_4NO_2 の分解】 ※加熱要

亜硝酸アンモニウム NH_4NO_2 中の NH_4^+ の N 原子の酸化数は －３，NO_2^- の N 原子の酸化数は ＋３です。このように，同じ元素で酸化数が異なる場合には，真ん中の酸化数(0)になるよう変化します。

$$\underset{-3\ +3}{NH_4NO_2} \longrightarrow \underset{0}{N_2} + 2H_2O$$

この製法も，分解反応に分類される酸化還元反応です。また，固体のみの反応なので加熱が必要です。

［4］一酸化炭素 CO【ギ酸 $HCOOH$ の分解】 ※濃硫酸触媒・加熱要

濃硫酸の脱水性を利用した，ギ酸 $HCOOH$ の分解反応です。濃硫酸を利用するため，加熱が必要です。

Q&A

Q 10. N_2 の製法以外にも，酸化数が真ん中になる酸化還元反応はあるの？

A 10. ありますよ。無機化学だと，水素化ナトリウム NaH と H_2O の反応。

$$\underset{-1\ +1}{NaH + H_2O} \longrightarrow \underset{0}{H_2} + NaOH$$

理論化学だと，鉛蓄電池。

$$\underset{0}{Pb} + \underset{+4}{PbO_2} + 2H_2SO_4 \longrightarrow \underset{+2}{2PbSO_4} + 2H_2O$$

有機化学だと，ジアゾ化(→有機化学編 p.197)などの例が相当します。

$$\underset{-3}{\text{NH}_2}\text{-benzene} + HNO_2 + HCl \longrightarrow \underset{0}{\text{N}_2\text{Cl}}\text{-benzene} + 2H_2O$$

実践! **演習問題 1** ▶標準レベル

次の①〜⑤の反応で発生する気体の化学式を答えなさい。また，加熱が必要なものは
どれか，すべて答えなさい。

① 塩化ナトリウム＋濃硫酸　　② 亜硫酸水素ナトリウム＋希硫酸

③ 酸化マンガン(Ⅳ)＋濃塩酸　④ 塩素酸カリウム＋酸化マンガン(Ⅳ)

⑤ 硫化鉄(Ⅱ)＋希硫酸

\Point!/

何反応が起こる組み合わせかを考えよう！

▶ 解説

各反応の化学反応式も手を動かして書いておきましょう。

①揮発性の酸遊離反応により，塩化水素 $\underline{HCl}$ が発生。 ◄ \Point!/ (→ p.94)

濃硫酸を使用するため，加熱が必要。

$$NaCl + H_2SO_4 \longrightarrow NaHSO_4 + HCl$$

②弱酸遊離反応により，二酸化硫黄 $\underline{SO_2}$ が発生。 ◄ \Point!/ (→ p.89)

$$2NaHSO_3 + H_2SO_4 \longrightarrow Na_2SO_4 + 2H_2O + 2SO_2$$

③酸化還元反応により，塩素 $\underline{Cl_2}$ が発生。 ◄ \Point!/ (→ p.85)

MnO_2 を酸化剤として使用するため，加熱が必要。

$$MnO_2 + 4HCl \longrightarrow MnCl_2 + 2H_2O + Cl_2$$

④分解反応により，酸素 $\underline{O_2}$ が発生（MnO_2 は触媒）。 ◄ \Point!/ (→ p.96)

固体のみの反応なので，加熱が必要。

$$2KClO_3 \longrightarrow 2KCl + 3O_2$$

⑤弱酸遊離反応により，硫化水素 $\underline{H_2S}$ が発生。 ◄ \Point!/ (→ p.89)

$$FeS + H_2SO_4 \longrightarrow FeSO_4 + H_2S$$

▶ 解答　発生する気体…① HCl　② SO_2　③ Cl_2　④ O_2　⑤ H_2S

加熱が必要な反応…①，③，④

2 気体の性質

❶ 主な気体の性質

重要TOPIC 07

知っておくべき気体の性質

・水溶性 説明①

NH_3, HCl, Cl_2, CO_2, NO_2, SO_2, H_2S

・刺激臭 説明②

水溶性の気体から CO_2(無臭)と H_2S(腐卵臭)を除いたもの

・酸化力，還元力 説明③

Ⓞ O_2, O_3, NO_2, Cl_2

Ⓡ H_2, CO, H_2S, SO_2

・有色 説明④

Cl_2, NO_2, O_3

「気体」のテーマで問われやすい気体の性質４項目を確認し，頭に入れていきましょう。

説明①

[1] **水溶性の気体**

NH_3, HCl, Cl_2, CO_2, NO_2, SO_2, H_2S

これらは水溶性なので，水上置換での捕集はできません。この７つのうち，空気の平均分子量28.8より分子量の小さい NH_3(分子量17)は上方置換，それ以外は下方置換，そしてこの７つ以外は水上置換と判断しましょう。

	NH_3	HCl, Cl_2, CO_2, NO_2, SO_2, H_2S
分子量が28.8より	小さい	大きい

NH_3 と HCl は条件によらず水に非常によく溶けるため，理論化学の気体の溶解度で学ぶ「ヘンリーの法則(気体が水に溶ける量は気体の分圧に比例する)」が成立しません。

問題文中に「非常によく溶け」と与えられたり，ヘンリーの法則が成立しない気体として問われることがあるので気をつけましょう。

$$NH_3,\ HCl \qquad\qquad Cl_2,\ CO_2,\ NO_2,\ SO_2,\ H_2S$$

水に　　非常によく溶ける　　　　　　　普通に溶ける

また，これら水溶性の気体は代表的な酸性・塩基性の気体です。NH_3 のみ塩基性，それ以外は酸性の気体として覚えておきましょう。

$$NH_3 \qquad\quad HCl,\ Cl_2,\ CO_2,\ NO_2,\ SO_2,\ H_2S$$

塩基性　　　　　　　　酸性

[2] 刺激臭の気体

$$NH_3,\ HCl,\ Cl_2,\ NO_2,\ SO_2$$

[水溶性の気体から CO_2(無臭)と H_2S(腐卵臭)を除いたもの]

水溶性の気体7つから無臭の CO_2 と腐卵臭の H_2S を除いたものが刺激臭の気体です。

説明③

[3] 酸化力・還元力をもつ気体

$$Ⓞ\quad O_2,\ O_3,\ NO_2,\ Cl_2$$
$$Ⓡ\quad H_2,\ CO,\ H_2S,\ SO_2$$

酸化力をもつ気体のうち，O_2 は酸化力が弱いですが，それ以外は酸化力が強いため，湿らせたヨウ化カリウムデンプン紙が青変します(O_2 と O_3 は同素体なので，性質の違いの1つとして意識しておきましょう)。

$$Ⓞ\quad O_2 \qquad O_3,\ NO_2,\ Cl_2$$

KIデンプン紙　　　変化なし　　　　青変

ヨウ化カリウムデンプン紙を湿らせるとヨウ化物イオン I^- が生じ，そこに酸化力をもつ気体が接触すると酸化還元反応が進行して，I_2 に変化します。そしてヨウ素デンプン反応で青く変化するため，酸化力をもつ気体の検出に利用されます。

　そして，H_2 と CO は高温で還元力を示します。
　Ⓡ　H_2，CO，H_2S，SO_2
　　　<u>高温のとき</u>

　また，Cl_2 と SO_2 は漂白作用をもちます。
　Ⓞ　O_2，O_3，NO_2，Cl_2　漂白作用
　Ⓡ　H_2，CO，H_2S，SO_2　あり

説明④

[4] **有色の気体**

$$Cl_2（黄緑色），\quad NO_2（赤褐色），\quad O_3（淡青色）$$

　上記の3つは頻出なので頭に入れておきましょう。
　F_2（淡黄色）も有色の気体ですが，反応性がきわめて高く，特殊容器に入れないと保存できないため，酸化剤Ⓞとして使用することはほとんどありません。よって，色を問われることもあまりありません。

　次の①〜④で発生する気体のうち，(1)と(2)にあてはまるものをそれぞれ①〜④の記号で答えなさい。

① ギ酸 ＋ 濃硫酸(加熱)　　② 塩化アンモニウム ＋ 水酸化カルシウム(加熱)

③ 銅 ＋ 濃硝酸　　　　　　　④ 炭酸カルシウム ＋ 希塩酸

(1) 下方置換で捕集し，ヨウ化カリウムデンプン紙を青変させる気体

(2) 高温で還元力を示し，有毒である気体

\Point!/

(1)と(2)の性質にあてはまる気体をすべて書き出してみよう‼

▶ **解説**

　まず，①〜④で発生する気体を確認しましょう。

① $HCOOH \longrightarrow CO + 2H_2O$ (分解反応)

② $2NH_4Cl + Ca(OH)_2 \longrightarrow CaCl_2 + 2NH_3 + 2H_2O$ (弱塩基遊離反応)

③ $Cu + 4HNO_3 \longrightarrow Cu(NO_3)_2 + 2NO_2 + 2H_2O$ (酸化還元反応)

④ $CaCO_3 + 2HCl \longrightarrow CaCl_2 + H_2O + CO_2$ (弱酸遊離反応)

　次に(1)，(2)にあてはまる気体を考えましょう。◀ **\Point!/**

(1) 下方置換 → 水に溶けて空気より重い

　　水溶性の気体　　NH_3　HCl　Cl_2　CO_2　NO_2　SO_2　H_2S
　　　　　　　　　　　　　　　空気より重い(分子量28.8より大)

　　ヨウ化カリウムデンプン紙が青変 → 酸化力をもつ

　　酸化力をもつ気体　　O_2　O_3　NO_2　Cl_2
　　　　　　　　　　　　　　KI デンプン紙青変

　　両方にあてはまるのは NO_2，すなわち③

(2) 高温で還元力を示す

　　還元力をもつ気体　　H_2　CO　H_2S　SO_2
　　　　　　　　　　　　　　高温

　　選択肢にあるのは CO，すなわち①

▶ **解答**　(1) **③**　　(2) **①**

② 乾燥剤

重要TOPIC 08

乾燥剤の選び方 〔説明①〕

目的の気体と反応しない乾燥剤を選ぶ

　使ってはいけない組み合わせ

　　・酸と塩基の組み合わせ

　　・H_2S（気体）＋ 濃硫酸（乾燥剤）

　　・NH_3（気体）＋ $CaCl_2$（乾燥剤）

［1］代表的な乾燥剤

　代表的な乾燥剤には次のようなものがあります。

　　　・濃硫酸 H_2SO_4　（**酸性**）

　　　・十酸化四リン P_4O_{10}　（**酸性**）

　　　・ソーダ石灰 $NaOH + CaO$　（**塩基性**）

　　　・塩化カルシウム $CaCl_2$　（**中性**）

〔説明①〕

［2］乾燥剤の選び方

　例えば，NH_4Cl と $Ca(OH)_2$ から NH_3 をつくるとき，同時に水蒸気も発生するため，乾燥剤に通じる必要があります。

$$2NH_4Cl + Ca(OH)_2 \longrightarrow 2NH_3 + 2H_2O + CaCl_2$$

　このとき，乾燥剤として濃硫酸（酸性）を用いると，目的の気体である NH_3（塩基性）が中和反応を起こし，$(NH_4)_2SO_4$ に変化してしまいます。

$$2NH_3 + H_2SO_4 \longrightarrow (NH_4)_2SO_4 \quad 中和反応が進行$$
　　塩基性　　酸性

よって，ソーダ石灰（塩基性）のような，NH_3 と反応しない乾燥剤が適切です。

　このように，**目的の気体と乾燥剤が反応しない組み合わせ**を選びます。

反応してしまう場合，ほとんどは中和反応なので，「酸性の気体と塩基性の乾燥剤」「塩基性の気体と酸性の乾燥剤」の組み合わせにならないよう気をつけましょう。

　そして，中和反応以外の反応が進行してしまう組み合わせもあります。次の2つを頭に入れておきましょう。

目的の気体	乾燥剤	使えない理由
H_2S （酸性）	濃硫酸 （酸性）	酸化還元反応が進行してしまう （Ⓡ H_2S ＋ Ⓞ H_2SO_4）
NH_3 （塩基性）	$CaCl_2$ （中性）	$CaCl_2$ に NH_3 が吸着してしまう

　反応によって目的物質とともに水蒸気が生じる場合だけでなく，水上置換で捕集する場合も水蒸気が混入するため，必ず乾燥剤に通じます。

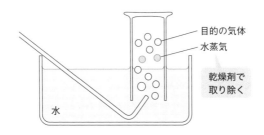

目的の気体

水蒸気

乾燥剤で
取り除く

水

実践！ **演習問題 3** ▶標準レベル

次の①～③で発生する気体を乾燥させるときに適切な乾燥剤を下の選択肢から選びなさい。ただし，すべて異なる選択肢を選ぶこと。

① 硫化鉄(Ⅱ)＋希塩酸

② 炭酸ナトリウム＋希塩酸

③ 硫酸アンモニウム＋水酸化ナトリウム(加熱)

選択肢：塩化カルシウム・ソーダ石灰・濃硫酸

\Point!/

目的の気体と反応しない乾燥剤を選ぶ‼

▶ 解説

①発生する気体は H_2S です(弱酸遊離反応)。

H_2S は酸性なので，塩基性の乾燥剤であるソーダ石灰は不適です。また，H_2S は還元力をもつため，酸化力のある濃硫酸も不適です。◀ \Point!/

以上より，適切な乾燥剤は塩化カルシウムです。

②発生する気体は CO_2 です(弱酸遊離反応)。

CO_2 は酸性なので，塩基性の乾燥剤であるソーダ石灰は不適です。◀ \Point!/

中性の塩化カルシウムは①で選んだため，適切な乾燥剤は濃硫酸です。

③残りの選択肢はソーダ石灰しかありませんが，確認しておきましょう。

発生する気体は NH_3 です(弱塩基遊離反応)。NH_3 は塩基性なので，酸性の乾燥剤である濃硫酸は不適です。また，塩化カルシウムを用いると吸着してしまうため不適です。◀ \Point!/

以上より，適切な乾燥剤はソーダ石灰です。

▶ 解答 ① **塩化カルシウム** ② **濃硫酸** ③ **ソーダ石灰**

③ 気体の検出

重要TOPIC 09

気体の検出 [説明①]

- NH_3 → リトマス紙青変，塩酸で白煙
- NO → 空気と触れて赤褐色
- H_2S → 腐卵臭，SO_2 で白色沈殿
- CO_2 → 石灰水が白濁
- Cl_2 → リトマス紙赤変，その後脱色
- SO_2 → $KMnO_4aq$ の赤紫色が消える
- HCl → アンモニア水で白煙

7
講

気体

[説明①]

代表的な気体の検出法を確認しましょう。

[1] **アンモニア NH_3**

塩基性なので，赤色リトマス紙が青変します。

また，塩酸(酸性)を近づけると中和反応により塩化アンモニウム NH_4Cl の白煙を生じます。

$$NH_3 + HCl \longrightarrow NH_4Cl$$

NH_4Cl は固体ですが，粒子が小さいため白煙になります。

同様に，HCl の検出にアンモニア水が利用されます。

[2] **一酸化窒素 NO**

NO は非常に酸化されやすく，空気と触れると空気中の酸素で酸化され，赤褐色の NO_2 へと変化します。

[3] **硫化水素 H_2S**

H_2S は腐卵臭の気体であり還元力をもつため，酸化剤としてもはたらく SO_2 と反応し，硫黄 S の白色沈殿を生じます。

通常，単体の S は黄色ですが，このとき白色のコロイド状になっています。

$$2H_2S + SO_2 \longrightarrow 3S + 2H_2O$$

第 2 章　無機化合物の性質　　105

［4］二酸化炭素 CO_2

CO_2 は酸性の気体なので，塩基性の石灰水 $Ca(OH)_2aq$ に吹き込むと中和反応が進行し，白色沈殿の $CaCO_3$ を生じるため白濁します。

$$Ca(OH)_2 + CO_2 \longrightarrow \underset{\text{白色沈殿}}{CaCO_3} + H_2O$$

また，このまま CO_2 を吹き込み続けると炭酸水素カルシウムとなり溶解するため，無色の溶液に戻ります。

$$CaCO_3 + CO_2 + H_2O \longrightarrow \underset{\text{水に溶解}}{Ca(HCO_3)_2}$$

このとき，$CO_3{}^{2-}$ と $H_2O + CO_2$（すなわち炭酸 H_2CO_3）の間で H^+ の移動が起こっています。

$$CO_3{}^{2-} \underset{}{\overset{H^+}{\longleftarrow}} \underset{(H_2CO_3)}{H_2O\ +\ CO_2}$$

$$\downarrow \qquad\qquad\qquad \downarrow$$

$$HCO_3{}^- \qquad\qquad HCO_3{}^-$$

同じ形で落ちつく

［5］塩素 Cl_2

Cl_2 は酸性かつ漂白作用をもつため，青色リトマス紙を赤変させたのち脱色します。

また，酸化力をもつため，ヨウ化カリウムデンプン紙が青変します（→ p.99）。

［6］二酸化硫黄 SO_2

SO_2 は通常還元剤Ⓡとしてはたらくため，酸化剤Ⓞである $KMnO_4aq$ に吸収させると酸化還元反応が進行し，$MnO_4{}^-$ の赤紫色が消えます。

$$2KMnO_4 + 5SO_2 + 2H_2O \longrightarrow 2MnSO_4 + K_2SO_4 + 2H_2SO_4$$

赤紫色　　　　　　　　　　　　　　無色

［7］塩化水素 HCl

HCl は酸性なので，塩基性のアンモニア水を近づけると中和反応が進行し，NH_4Cl の白煙を生じます（→［1］NH_3 の検出法）。

8 講 | 金属の単体

講義テーマ！

金属の単体のもつ性質とその反応を確認しましょう。

1 金属のイオン化傾向

1 金属のイオン化傾向

重要TOPIC 01

金属のイオン化傾向 説明①

金属のイオン化傾向：金属の単体が水中で陽イオンになる性質
イオン化傾向が大きい＝強い還元剤®

イオン化列：イオン化傾向の大きい金属から順に並べたもの
(大) Li K Ca Na Mg Al Zn Fe Ni Sn Pb (H₂) Cu Hg Ag Pt Au (小)

説明①

金属の単体は水中で電子 e⁻ を放出して陽イオンになる性質をもちます。これを金属の**イオン化傾向**といいます。

「e⁻ を放出する」ということは「還元剤®としてはたらく」ということです。

$$® \quad M \quad \longrightarrow \quad M^{n+} + ne^-$$

たしかに，金属の単体は還元剤®として頭に入れていますね(→ p.43)。

よって，

「**イオン化傾向が大きい＝e⁻ を放出しやすい＝強い還元剤®**」

となります。

それでは，金属の単体をイオン化傾向の大きい順に並べたもの（**イオン化列**）を確認してみましょう。

イオン化列

大（還元力強）　　　　　　　　　　　　　　　　　　　　　　　　　　　　小

Li　　K　　Ca Na Mg Al Zn Fe Ni Sn Pb （H₂）Cu Hg Ag Pt Au

リッチに 貸そうか　な　ま　あ　あ　て　に　すんな　　ひ　ど　す　ぎる 借金

　まずは，イオン化列がスラスラ言えるように頭に入れましょう。

　そして，イオン化傾向の異なる金属が存在するとき，イオン化傾向の大きい金属が e^- を放出し，小さい方が e^- を受け取ります。

例

$$\overbrace{Zn + Cu^{2+}}^{e^-} \longrightarrow Zn^{2+} + Cu$$

イオン化傾向　大　　小

　その逆は進行しません。

例

$$Zn^{2+} + Cu \xmapsto{\;\;\;e^-\;\;\;}\!\!\!\!\diagup\quad Zn + Cu^{2+}$$

イオン化傾向　大　　　小

　電池や電気分解でも大切な考え方になるので，しっかり確認しておきましょう。

Q & A

Q 11．水素は非金属なのに，どうして金属のイオン化列に入ってるの？

A 11．水素は非金属ですが陽イオン（H^+）になるため，金属と同じように扱うことができると考えましょう。正確には，イオン化列は水素を基準とした「標準電極電位」という数値を小さい順に並べたものなので，基準の水素を入れてあります。

108

イオン化エネルギーとイオン化傾向の違い

イオン化エネルギーとイオン化傾向は「e^- を放出して陽イオンになる」という部分は同じですが，正確には異なるものです。

ここで，イオン化エネルギーとイオン化傾向との違いを確認しておきましょう。

まず，イオン化エネルギーは「原子（気体）が e^- を放出して陽イオン（気体）に変化するとき」のエネルギーですが，イオン化傾向は「単体が e^- を放出して水和イオンになるとき（水中）」のエネルギーです。

次のエネルギー図を見ると，イオン化エネルギーとイオン化傾向の違いがよくわかりますね。「イオン化傾向が大きい＝図の Q が小さい」ということです。

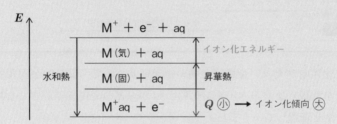

図より，イオン化傾向は，水和熱や昇華熱も関係していることがわかります。式で表すと次のようになります。

$Q =$ （水和熱）$-$（イオン化エネルギー）$-$（昇華熱）

❷ 金属のイオン化傾向と反応

金属のイオン化傾向と金属の反応

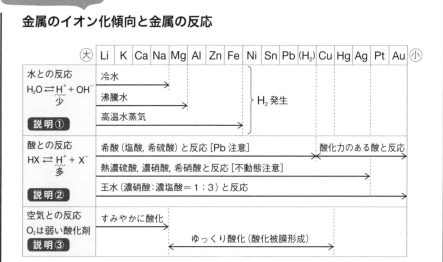

イオン化傾向が大きい金属ほど強い還元剤Ⓡなので，反応性が大きくなります。それを意識しながら，イオン化列の Li からどの金属までがどんな物質と反応するのかを確認していきましょう。

【説明①】

[1] 水との反応

水素イオン H^+ は電子 e^- を受け取ることができるので，酸化剤Ⓞとしてはたらきます。

そして，水 H_2O の中にも H^+ は存在していますが，電離度 α が 1.8×10^{-9} と小さく，ほとんど電離していないため，H^+ が非常に少ないのが特徴です。

すなわち，H_2O は非常に弱い酸化剤Ⓞなのです。

$$H_2O \underset{}{\overset{\alpha Ⓢ}{\rightleftarrows}} \underset{極小}{H^+ + OH^-}$$

よって，H_2O と反応するのは強い還元剤Ⓡ，すなわちイオン化傾向の大きい金属となります。

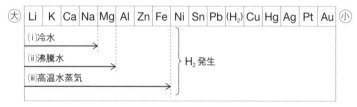

いずれも，H^+ が e^- を受け取り H_2 が発生します。

また，先述のとおり，H_2O はきわめて H^+ が少ない特殊な環境なので，これらの境界線は知っておく必要があります。

(i)イオン化傾向Naまで → 冷水と反応

冷水（常温の水）と反応するのは，イオン化傾向が非常に大きい金属だけです。

化学反応式を書かされる問題が多いので，一度は手を動かして書いておきましょう。

例　Na と冷水との反応

$$H_2O \rightleftharpoons H^+ + OH^- \quad (\times 2)$$
$$Ⓞ\ 2H^+ + 2e^- \longrightarrow H_2$$
$$+)\,Ⓡ\ Na \longrightarrow Na^+ + e^- \quad (\times 2)$$
$$\overline{2Na + 2H_2O \longrightarrow 2NaOH + H_2}\ (\leftarrow\text{慣れてきたら一発で書いてみよう})$$

$H_2O\,(H^+OH^-)$ の H^+ が e^- を受け取ると考える

(ii)イオン化傾向Mgまで → 沸騰水と反応

Mg は沸騰水だと反応します。

冷水と反応する金属は沸騰水とはもちろん反応するので，イオン化傾向 Mg までが沸騰水と反応することになります。

反応式のつくり方は冷水の反応と同じです。

(iii)イオン化傾向Feまで → 高温水蒸気と反応

　イオン化傾向 Al 〜 Fe は高温水蒸気となら反応します。すなわち，イオン化傾向 Fe までの金属が反応するということです。

　このとき，高温で脱水が起こるため，生成物は水酸化物(XOH)ではなく酸化物(XO)となることに気をつけましょう。

例　Al と高温水蒸気との反応

　冷水との反応に従って化学反応式を書くと，次のようになります。

$$2Al + 6H_2O \longrightarrow 2Al(OH)_3 + 3H_2 \cdots(1)$$

そして，脱水により $Al(OH)_3$ が Al_2O_3 に変化します。

$$2Al(OH)_3 \longrightarrow Al_2O_3 + 3H_2O \qquad \cdots(2)$$

(1)式 + (2)式より，

$$2Al + 3H_2O \longrightarrow Al_2O_3 + 3H_2$$

説明②

[2] 酸との反応

　金属との反応には基本的に強酸が使用されます。強酸は電離度 $\alpha \fallingdotseq 1$ でほぼ完全に電離しており，たくさんの水素イオン H^+ が存在しています。

$$HCl \overset{\alpha \fallingdotseq 1}{\longrightarrow} \underset{多い}{H^+ + Cl^-}$$

　よって，H_2O のように特殊な環境ではないため，基本どおり「イオン化傾向の大きい方が，イオン化傾向の小さい方へ e^- を投げる」ことになります。すなわち，イオン化傾向が H_2 より大きい金属は H^+ に e^- を投げることができますが，イオン化傾向が H_2 より小さい金属は H^+ とは反応できません。

$$\overset{e^-}{\underset{\substack{大 \quad 小 \\ イオン化傾向}}{Zn + 2H^+}} \longrightarrow Zn^{2+} + H_2$$

$$\underset{\substack{小 \quad 大 \\ イオン化傾向}}{Cu + 2H^+} \longrightarrow ×$$

このように，イオン化傾向が H_2 より小さい金属は H^+（希酸）とは反応できません，酸化力の強い酸とは反応できます。強い酸化剤◎で無理やり e^- を奪って無理やり溶かすのです。

$$Cu + 強い◎ \longrightarrow Cu^{2+}$$
<u>無理やり e^- を奪う</u>

それでは，具体的な境界線や内容を確認してみましょう。

| (大) | Li | K | Ca | Na | Mg | Al | Zn | Fe | Ni | Sn | Pb | (H$_2$) | Cu | Hg | Ag | Pt | Au | (小) |

(i)希酸（塩酸，希硫酸）と反応　　　　　　　　　　　酸化力のある酸と反応

(ii)熱濃硫酸，濃硝酸，希硝酸と反応

(iii)王水（濃硝酸:濃塩酸＝1:3）と反応

(i)イオン化傾向Pbまで → 希酸(H^+)と反応

基本的にイオン化傾向が H_2 より大きい金属は，希硫酸・希塩酸・濃塩酸などの希酸(H^+)と反応し，H_2 が発生します。

例　Zn と塩酸との反応

Zn が次のように H^+ と反応します。

$$Zn + 2H^+ \longrightarrow Zn^{2+} + H_2$$

両辺に Cl^- を加えると化学反応式のできあがりです。

$$Zn + 2HCl \longrightarrow ZnCl_2 + H_2$$

ただし，Pb は塩酸と反応すると $PbCl_2$，希硫酸と反応すると $PbSO_4$ の沈殿を生じるため，反応はすぐに停止します（Pb に関して「H_2 の発生はすぐに停止する」と書いてある問題もあれば，「反応しない」となっている問題もあります。柔軟に対応しましょう）。

(ii)イオン化傾向Agまで → 熱濃硫酸，濃硝酸，希硝酸と反応

　イオン化傾向が H_2 より小さい金属の中で，Cu ～ Ag は，酸化力の強い酸である熱濃硫酸，濃硝酸，希硝酸となら反応し，それぞれ SO_2，NO_2，NO が発生します（酸化剤Ⓞ・還元剤Ⓡが反応後何に変化するかを復習しておきましょう → p.42）。

　例　Cu と希硝酸との反応

　化学反応式は酸化還元反応式のつくり方に従います（→ p.51）。

$$3Cu + 8HNO_3 \longrightarrow 3Cu(NO_3)_2 + 2NO + 4H_2O$$

　イオン化傾向が H_2 より大きい金属も熱濃硫酸や硝酸と反応しますが，H^+ とも反応するため，「$H_2 + SO_2$」といった混合気体が発生します（気体の製法としては不適切→ p.83）。

　また，Fe, Ni, Al は**不動態**を形成するため，熱濃硫酸や濃硝酸とは反応しません。希硝酸とは反応します。

(iii)イオン化傾向Auまで → 王水と反応

　濃硝酸と濃塩酸を体積比 1：3 で混合した溶液を**王水**といいます。王水は酸化力が非常に強いため，イオン化傾向が最も小さい Pt や Au も溶かすことができます。

[3] 空気(O₂)との反応

　酸素 O_2 は，ヨウ化カリウムデンプン紙の色が変化しないくらい弱い酸化剤◎なので(→ p.99)，イオン化傾向が大きい金属となら常温ですみやかに反応し，金属酸化物が生成します。

例　Na と空気との反応

$$4Na + O_2 \longrightarrow 2Na_2O$$

　それでは具体的な境界線を確認してみましょう。

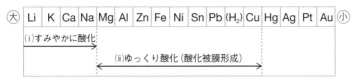

(i)イオン化傾向Naまで → 常温ですみやかに反応
(ii)イオン化傾向Cuまで → 常温でゆっくり反応

　イオン化傾向が小さい金属は，常温だとゆっくりと時間をかけて酸化されます(Mg はイオン化傾向が大きいため，常温でも比較的簡単に酸化されます)。

次の文章を読み，金属 A〜D として適切なものを選択肢から選びなさい。

① 金属 C のみ冷水と反応し，気体が発生した。

② 金属 B と D に塩酸を加えると反応し，気体が発生した。

③ 金属 A に濃硫酸を加えて加熱すると反応し，気体が発生したが，金属 B は反応しなかった。

選択肢：Al　Cu　Zn　Na　Pt

\Point!/

選択肢をイオン化傾向順に並べ替えて考えよう！

▶ 解説

選択肢の金属をイオン化傾向順に並べると次のようになります。◀ \Point!/

Na　Al　Zn　Cu　Pt

では，①から順に確認していきましょう。

①冷水と反応する金属は，イオン化傾向 Li 〜 Na なので，金属 C は Na とわかります。

Na│Al　Zn　Cu　Pt
金属 C

②塩酸のような希酸と反応するのは，イオン化傾向が H_2 より大きい金属なので，金属 B と D は Al か Zn とわかります。

Na　Al　Zn│Cu　Pt
　　　金属 B・D

③熱濃硫酸と反応するのは，イオン化傾向 Li 〜 Ag なので，金属 A は Cu とわかります。

Na　Al　Zn　Cu│Pt
　　　　　金属 A

また，熱濃硫酸と反応しないのは，イオン化傾向の小さい Pt, Au か，不動態を形成する Fe, Ni, Al のいずれかであり，②より金属 B は Al か Zn の 2 択なので，金属 B は Al，金属 D は Zn と決定できます。

▶ 解答　A…Cu　B…Al　C…Na　D…Zn

2 両性金属の単体

① 両性金属の単体とその反応

重要TOPIC 03

両性金属の単体とその反応 説明①

両性金属の単体：Al, Zn, Sn, Pb
酸とも強塩基とも反応して H_2 が発生する
・酸と反応 → 金属イオン M^{n+} に変化 説明②
・強塩基と反応 → OH^- が配位子の錯イオン $[M(OH)_4]^{n-}$ に変化 説明③
ともに化学反応式を書けるようになっておこう

説明①

Al, Zn, Sn, Pbはすべて金属であり，**両性金属**とよばれます。両性金属は単体，水酸化物，酸化物のいずれも，酸とも強塩基とも反応します。

ここでは，両性金属の単体の反応に注目していきましょう（水酸化物，酸化物の反応は，ともに XOH 型，XO 型の反応なので復習しておきましょう→ p.13）。

説明②

[1] **酸との反応**

イオン化傾向が H_2 より大きい金属は酸 H^+ と反応し，H_2 が発生します。
金属の単体と酸の反応の化学反応式をつくってみましょう。

例　Alと塩酸との反応

まず，金属のイオン化傾向と酸との反応で確認したように，AlとH$^+$の反応式をつくってみましょう。

$$2Al + 6H^+ \longrightarrow 2Al^{3+} + 3H_2$$

大　　小
イオン化傾向

次に，両辺に Cl^- を 6 つずつ加えるとできあがりです。

$$2Al + 6HCl \longrightarrow 2AlCl_3 + 3H_2$$

[2] 強塩基との反応

通常，金属は塩基と反応しませんが，両性金属は OH^- を配位子とした錯イオンを形成するため，強塩基に溶解します。

例　Al と NaOH との反応

最初ややこしく感じるので，ゆっくり段階を追って確認してみましょう。

まず，Al が最初に反応する相手は誰でしょうか？　Na^+ ではありません。Al と Na では Na の方がイオン化傾向が大きいためです。

$$Al + Na^+ \longrightarrow \times$$

小　　大
イオン化傾向

また，OH^- でもありません。Al^{3+} であれば OH^- と $Al(OH)_3$ の沈殿をつくりますが，単体 Al は OH^- とは反応しません。

Al が最初に反応する相手の正解は，H_2O 中の H^+ です。

$$H_2O \rightleftharpoons H^+ + OH^- \quad \cdots(1)$$

よって，最初に起こる化学変化は，酸 H^+ との反応とまったく同じものになります。

$$2Al + 6H^+ \longrightarrow 2Al^{3+} + 3H_2 \quad \cdots(2)$$

(1)由来

そして，Al が Al^{3+} となったところで，H_2O の OH^- と沈殿を生成します。

$$Al^{3+} + 3OH^- \longrightarrow Al(OH)_3 \quad \cdots(3)$$

(1)由来

最後に，強塩基の NaOH からの OH^-（過剰な OH^-）と錯イオンを形成し，再溶解します。

$$Al(OH)_3 + OH^- \longrightarrow [Al(OH)_4]^- \quad \cdots(4)$$

(1)× 6 +(2)+(3)× 2 +(4)× 2 より，次の式が導かれます。

$$2Al + 6H_2O + 2OH^- \longrightarrow 2[Al(OH)_4]^- + 3H_2$$

両辺に Na^+ を 2 つ加えましょう。

$$2Al + 6H_2O + 2NaOH \longrightarrow 2Na[Al(OH)_4] + 3H_2$$

Q & A

Q 12. Al と NaOH の反応の化学反応式を 4 つの式から導くのは大変です。暗記した方がいいの？

A 12. 反応のベースは酸 H^+ との反応と同じであることがわかったと思います。

H^+ との反応の反応式はその場でつくることができますね。

$$2Al + 6H^+ \longrightarrow 2Al^{3+} + 3H_2$$

私はここから最低限のことを思い出して，一発でつくっています。

・H^+ を H_2O が出す → H^+ の係数が 6 なので，H_2O の係数 6

・NaOH の OH^- と錯イオンを形成

→左辺に OH^-（もしくは NaOH）追加

右辺の Al^{3+} を $[Al(OH)_4]^-$（もしくは $Na[Al(OH)_4]$）にかえる

$$2Al + 6H_2O + 2OH^- \longrightarrow 2[Al(OH)_4]^- + 3H_2$$

$$(2Al + 6H_2O + 2NaOH \longrightarrow 2Na[Al(OH)_4] + 3H_2)$$

一度きちんと理解していれば，スムーズにつくることができますよ。チャレンジしてみてくださいね。

実践！ 演習問題 2　　　　　　　　　　　　▶▶発展レベル

次の化学反応式を書きなさい。

(1) アルミニウムと塩酸の反応

(2) アルミニウムと水酸化ナトリウムの反応

\Point!/

強塩基との反応のベースは，酸 H^+ との反応と同じ !!

▶ 解説

(1) p.117参照。

(2) p.118参照。

▶ 解答 (1) $2Al + 6HCl \longrightarrow 2AlCl_3 + 3H_2$

(2) $2Al + 6H_2O + 2NaOH \longrightarrow 2Na[Al(OH)_4] + 3H_2$

講義テーマ！

系統分析を理解し，イオンを決定できるようになりましょう。

1 金属イオンの系統分析

1 系統分析

重要TOPIC 01

系統分析とは 説明①

沈殿と再溶解を利用し，含まれている金属イオンを特定する方法

説明①

　水溶液中に複数の金属イオンが混合しているとき，それらのイオンを特定するのは簡単ではありません。

　ためしに，含まれている金属イオンがわかっている状態で考えてみましょう。ポイントは沈殿生成反応，錯イオン形成反応を利用することです。

例　Al^{3+}，Zn^{2+}，Fe^{3+} が混合している水溶液からそれぞれのイオンを分離するには，どんな試薬をどんな順番で加えればよい？（イオン・錯イオン・沈殿，いずれの状態で分離しても可。）

正解は，次のようになります。

① NH_3aq を十分に加える

　→ Zn^{2+} のみ錯イオン $[Zn(NH_3)_4]^{2+}$ となり溶解。Al^{3+} と Fe^{3+} はそれぞれ $Al(OH)_3$，$Fe(OH)_3$ として沈殿。

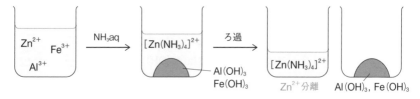

ろ過により Zn^{2+}（$[Zn(NH_3)_4]^{2+}$）のみを分離することができます。

② NaOHaq を十分に加える

→ Al^{3+} のみ錯イオン $[Al(OH)_4]^-$ となり溶解。Fe^{3+} は $Fe(OH)_3$ のまま。

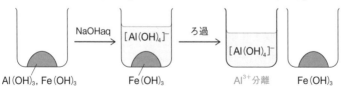

ろ過により Al^{3+}（$[Al(OH)_4]^-$）のみを分離することができます。

上の例は混合しているイオンが判明しており，3種しかありません。それでも，分離するための試薬とその順番を決めるのは簡単ではありません（①と②の試薬の順を逆にしたら分離できていません）。

もし，混合しているイオンの種類や数が不明だったらどうでしょうか。分離するために必要な試薬とその順番を決めるのは不可能に近いですね。

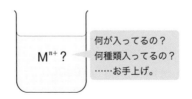

これを解決してくれるのが**系統分析**です。どんな金属イオンが何種類混合していても，系統分析の順に試薬を加えていくと，**沈殿生成**と**再溶解**を利用して分離することができます。

系統分析の順番をその場で思いつくのは少々困難なので，使う試薬と順番はある程度知っておく必要があります。

それでは，沈殿生成の組み合わせ，錯イオンをつくる組み合わせを思い出しながら1つずつ確認していきましょう。

代表的な金属イオンの系統分析 説明①

操作1 HClaq を加える → Pb^{2+}, Ag^+ が沈殿

 再溶解 熱水もしくは NH_3aq を加える

操作2 H_2S を吸収させる → Cu^{2+} が沈殿

 後処理 煮沸($-H_2S$), HNO_3aq(Fe^{2+} → Fe^{3+})

操作3 NH_3aq を十分に加える → Al^{3+}, Fe^{3+} が沈殿

 再溶解 NaOHaq を加える

操作4 H_2S を吸収させる → Zn^{2+} が沈殿

操作5 $(NH_4)_2CO_3$aq を加える → アルカリ土類金属イオンが沈殿

操作6 炎色反応 → アルカリ金属の特定

説明①

代表的な金属イオンで系統分析の順番を確認していきましょう。

[混合している金属イオン]

Ca^{2+}, Na^+, Al^{3+}, Zn^{2+}, Fe^{3+}, Pb^{2+}, Cu^{2+}, Ag^+

操作1 HClaq を加える → Pb^{2+}, Ag^+ が $PbCl_2$(白), AgCl(白)で沈殿

再溶解を利用して, $PbCl_2$ と AgCl を分離します。

 再溶解① **熱水を加える**《比較的溶解度の大きい $PbCl_2$ が溶解》

  $PbCl_2$ → Pb^{2+} となって溶解

  AgCl → AgCl のまま

 再溶解② **NH_3aq を加える**《AgCl が溶解》

  $PbCl_2$ → $PbCl_2$ のまま

  AgCl → $[Ag(NH_3)_2]^+$ となって溶解

  ※ NH_3aq のかわりに KCNaq や $Na_2S_2O_3$aq を使用しても可。

  AgCl のみ$[Ag(CN)_2]^-$, $[Ag(S_2O_3)_2]^{3-}$ となって溶解。

 その他 **光を照射する**

  AgCl は感光性をもつため, 光を照射すると黒変(→ p.213)。

[残っている金属イオン]

Ca^{2+}, Na^+, Al^{3+}, Zn^{2+}, Fe^{3+}, Cu^{2+}

操作2 H_2S を吸収させる → Cu^{2+} が CuS（黒）で沈殿

　操作1で HClaq を加えているため，酸性条件下で H_2S を吸収させたことになり，イオン化傾向 Sn 以下の金属が硫化物として沈殿します（基本的にあてはまる選択肢が Cu^{2+} のみになっているはずです）。

　ただし，操作2で使用する H_2S は還元剤®であるため，Fe^{3+} が還元されて Fe^{2+} に変化してしまいます。

　これを Fe^{3+} に戻す後処理を行います。

　後処理① **煮沸**

　　　　　水溶液中に残る H_2S を煮沸により取り除きます（温度が高くなると気体の溶解度が小さくなることを利用）。

　後処理② **HNO_3aq を加える**

　　　　　酸化剤⊚の HNO_3 を使って，Fe^{2+} を Fe^{3+} に戻します。

Q 13. 最初から Fe^{2+} の形で存在する問題なら後処理は必要ないの？

A 13. そうですね。しかし，基本的に Fe^{3+} での出題になっているはずです。その理由は，河川水などに含まれる Fe のイオンは，最初 Fe^{2+} であったとしても，水中に存在する O_2（溶存酸素といいます）によって酸化され，Fe^{3+} に変化しているためです。

Q 14. H_2S を吸収させた後，Fe^{2+} を Fe^{3+} に戻すのはなぜ？ Fe^{2+} のまま系統分析できないの？

A 14. Fe^{3+} に戻す理由は，次の操作3で水酸化物として沈殿させるためです。$Fe(OH)_3$ はきわめて溶解度積が小さく，中性に近い弱い塩基性で確実に沈殿します。「次の操作で確実に沈ませるために Fe^{3+} に戻す」と理解しておきましょう。

[残っている金属イオン]

Ca^{2+}, Na^+, Al^{3+}, Zn^{2+}, Fe^{3+}

操作3 NH₃aq を加える → Al^{3+}, Fe^{3+} が $Al(OH)_3$(白), $Fe(OH)_3$(赤褐)で沈殿

　塩基性にすると，アルカリ金属とアルカリ土類金属以外は沈殿しますが，NH_3 を用いているため，Zn^{2+} は$[Zn(NH_3)_4]^{2+}$ として溶解します。

　再溶解を利用して，$Al(OH)_3$ と $Fe(OH)_3$ を分離します。

　再溶解 NaOHaq を加える《$Al(OH)_3$が溶解》

　　　　　$Al(OH)_3$ → $[Al(OH)_4]^-$ となって溶解

　　　　　$Fe(OH)_3$ → $Fe(OH)_3$ のまま

Q & A

Q 15. 「$NH_3 + NH_4Cl$ の溶液」を加えるって書いてある問題があったけど，NH_4Cl は何のため？

A 15. 「$NH_3 + NH_4Cl$」の組み合わせの溶液は何だったか，思い出してみましょう。
緩衝溶液ですね。pH がほぼ一定に保たれている溶液です。

　ここでは pH ＝ 8 くらいの弱い塩基性の NH_3aq を加えます。このくらい弱い塩基性でも水酸化物の沈殿をつくるのが Al^{3+} と Fe^{3+} なのです。

　しかし，そこまで意識しないと解答できない問題は基本的にないので，サラッと流して問題ありません。ただ，「$NH_3 + NH_4Cl$」の組み合わせが緩衝溶液と気づけなかった人は，緩衝溶液の復習をしておきましょうね。

[残っている金属イオン]

Ca^{2+}, Na^+, $[Zn(NH_3)_4]^{2+}$

操作4 H₂S を吸収させる → $[Zn(NH_3)_4]^{2+}$ が ZnS(白)で沈殿

　操作3で NH_3aq を加えているため，塩基性条件下で H_2S を吸収させたことになり，イオン化傾向 Zn 以下の金属が硫化物として沈殿します(基本的にあてはまる選択肢が Zn^{2+} のみになっているはずです)。

　H_2S（酸）を加えているので，配位子の NH_3 は中和され，Zn^{2+} が硫化物 ZnS として沈殿します。

[残っている金属イオン]

Ca²⁺, Na⁺

操作5 (NH₄)₂CO₃aq を加える → Ca²⁺ が CaCO₃（白）で沈殿

炭酸イオン CO_3^{2-} でアルカリ土類金属を沈殿させます。

[残っている金属イオン]

Na⁺

操作6 炎色反応 → Na⁺ が存在しているため炎色反応が黄色

アルカリ金属は沈殿をつくらないため，高校化学の範囲では炎色反応で特定するしかありません。炎色反応の色を復習しておきましょう。

炎色反応

Li	Na	K	Cu	Ca	Sr	Ba
赤	黄	赤紫	青緑	橙赤	紅	黄緑

入試への＋α《系統分析における Pb²⁺ の扱い》

系統分析において，Pb^{2+} は最初の操作（HClaq を加える）で PbCl₂ として沈殿しますが，実際には溶液中に Pb^{2+} として少し残っています。これは，PbCl₂ の溶解度が比較的大きいためです（これを利用して「熱水を加える」という再溶解がありましたね）。

よって，2段目の操作（H₂S を吸収させる）で PbS（黒）も生じます。これを考える問題はほとんどありませんが，まれに出題されています。

2段目の操作で「2種の黒色沈殿」などと書いてあったら「CuS と PbS」です。余裕のある人は頭に入れておきましょう（Cd²⁺ が含まれる問題はここで CdS（黄）も沈殿します）。

系統分析のまとめ

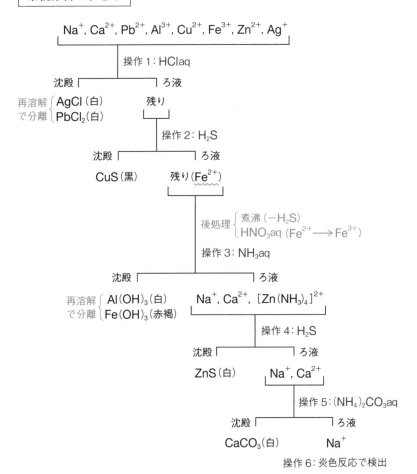

Na^+, Ca^{2+}, Pb^{2+}, Al^{3+}, Cu^{2+}, Fe^{3+}, Zn^{2+}, Ag^+

操作1：HClaq

沈殿　　　　ろ液

再溶解 $\begin{cases} AgCl（白） \\ PbCl_2（白） \end{cases}$　　残り

操作2：H_2S

沈殿　　　　ろ液

CuS（黒）　　残り（Fe^{2+}）

後処理 $\begin{cases} 煮沸（-H_2S） \\ HNO_3aq（Fe^{2+} \longrightarrow Fe^{3+}） \end{cases}$

操作3：NH_3aq

沈殿　　　　ろ液

再溶解 $\begin{cases} Al(OH)_3（白） \\ Fe(OH)_3（赤褐） \end{cases}$　　Na^+, Ca^{2+}, $[Zn(NH_3)_4]^{2+}$

操作4：H_2S

沈殿　　　　ろ液

ZnS（白）　　Na^+, Ca^{2+}

操作5：$(NH_4)_2CO_3aq$

沈殿　　　　ろ液

$CaCO_3$（白）　　Na^+

操作6：炎色反応で検出

126

実践!　**演習問題 1**　　　　　　　　　　　▶標準レベル

K$^+$，Ca^{2+}，Zn^{2+}，Fe^{3+}，Pb^{2+}，Cu^{2+}，Ag$^+$ のうち 5 つを含む水溶液がある。

図のような操作を行い，これらイオンを分離した。図中の沈殿 A から E の化学式と色を答えなさい。

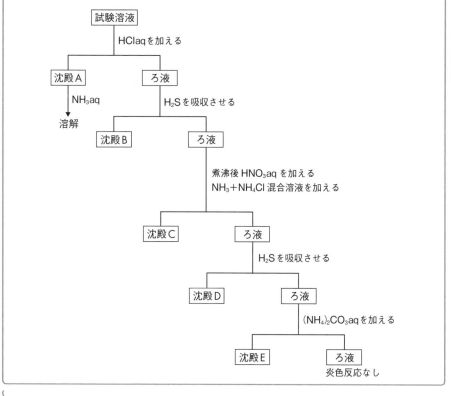

\Point!/

沈殿をつくる組み合わせ，錯イオンをつくる組み合わせを思い出しながらチャレンジしてみよう!

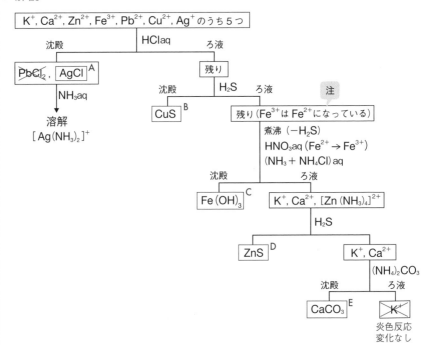

それぞれの操作を確認してみましょう。

HClaq を加える → Pb^{2+} と Ag^+ が $PbCl_2$, AgCl として沈殿

　　　　　　　　NH_3aq に溶解したことから，沈殿 A は <u>AgCl（白）</u>

H_2S を吸収させる → Cu^{2+} が沈殿。沈殿 B は <u>CuS（黒）</u>

　　　　　　　　ろ液中の Fe^{3+} は Fe^{2+} になっていることに注意

煮沸 → 水溶液中の H_2S を取り除く

HNO_3aq を加える → Fe^{2+} を酸化して Fe^{3+} に戻す

$NH_3 + NH_4Claq$ → K^+, Ca^{2+}, Zn^{2+} 以外が沈殿。沈殿 C は <u>$Fe(OH)_3$（赤褐）</u>

　　　　　　　　Zn^{2+} は $[Zn(NH_3)_4]^{2+}$ となっていることに注意

H_2S を吸収させる → Zn^{2+}（$[Zn(NH_3)_4]^{2+}$）が沈殿。沈殿 D は <u>ZnS（白）</u>

　　$(NH_4)_2CO_3aq$ を加える → アルカリ土類金属イオンが沈殿。沈殿 E は <u>$CaCO_3$（白）</u>

以上で 5 種が沈殿したので，K^+ と Pb^{2+} は存在していなかったことがわかります。

▶ 解答　A…AgCl，白色　B…CuS，黒色　C…$Fe(OH)_3$，赤褐色

　　　　D…ZnS，白色　E…$CaCO_3$，白色

入試への＋α《陰イオンの検出》

系統分析は金属イオン，すなわち陽イオンを検出する方法です。

同様に陰イオンを検出する方法もありますが，基本的には沈殿生成反応を利用するため，今までの知識で対応することができます。

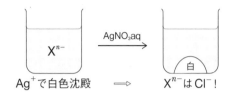

ただし，陰イオンの検出のみで登場する内容もあるため，確認していきましょう。

ハロゲン化物イオン

系統分析では，Pb^{2+} や Ag^+ を沈殿させるために Cl^-（HClaq）を使用しましたが，陰イオンの検出では，Cl^- 以外のハロゲン化物イオンも混合している場合が多いです。

それらの検出には Ag^+ を利用しますが，それぞれどのような変化が見られるか確認しておきましょう。ポイントは，沈殿の色と再溶解が可能な溶液です。

$$F^- \xrightarrow{Ag^+} \text{沈殿しない}$$

$$Cl^- \xrightarrow{Ag^+} AgCl（白）\text{が沈殿}【NH_3aq, KCNaq, Na_2S_2O_3aq \text{に溶解}】$$

$$Br^- \xrightarrow{Ag^+} AgBr（淡黄）\text{が沈殿}【NH_3aq \text{に不溶} \cdot KCNaq, Na_2S_2O_3aq \text{に溶解}】$$

$$I^- \xrightarrow{Ag^+} AgI（黄）\text{が沈殿}【NH_3aq \text{に不溶} \cdot KCNaq, Na_2S_2O_3aq \text{に溶解}】$$

多価の陰イオン

シュウ酸イオン $C_2O_4^{2-}$ やクロム酸イオン CrO_4^{2-} など，系統分析では登場しない多価の陰イオンが含まれる場合が多いです。どのように検出するかを確認しておきましょう。

①バリウムイオン Ba^{2+} を加えて沈殿させる

$$SO_4{}^{2-} \xrightarrow{\ Ba^{2+}\ } BaSO_4 \text{（白）が沈殿}$$
$$C_2O_4{}^{2-} \xrightarrow{\ Ba^{2+}\ } BaC_2O_4 \text{（白）が沈殿}$$
$$CO_3{}^{2-} \xrightarrow{\ Ba^{2+}\ } BaCO_3 \text{（白）が沈殿}$$
$$CrO_4{}^{2-} \xrightarrow{\ Ba^{2+}\ } BaCrO_4 \text{（黄）が沈殿}$$

上記のようにすべて沈殿しますが，$BaCrO_4$ 以外はすべて白色のため区別することができません。

そのため，次の操作を行います。

②塩酸を加えて変化を見る

$$BaSO_4 \xrightarrow{\ HClaq\ } BaSO_4 \text{（白）のまま変化なし}$$
$$BaC_2O_4 \xrightarrow[\text{弱酸遊離}]{\ HClaq\ } H_2C_2O_4 \text{ となり溶解}$$
$$BaCO_3 \xrightarrow[\text{弱酸遊離}]{\ HClaq\ } H_2O + CO_2 \text{（炭酸）となり発泡しながら溶解}$$
$$BaCrO_4 \xrightarrow[\text{弱酸遊離}]{\ HClaq\ } H_2CrO_4 \underset{※1}{\rightleftarrows} CrO_4{}^{2-} \text{（黄）} \underset{※2}{\rightleftarrows} Cr_2O_7{}^{2-} \text{（橙赤）}$$

※1　電離平衡により $CrO_4{}^{2-}$ が生じます。

※2　塩酸を加えて酸性にしているため，$CrO_4{}^{2-}$（黄）はニクロム酸イオン $Cr_2O_7{}^{2-}$（橙赤）に変化します（→ p.216）。

　　ニクロム酸カリウム $K_2Cr_2O_7$ を酸化剤◎として使用するとき，硫酸酸性にするのはこのためです。中性や塩基性下では $CrO_4{}^{2-}$ に変化してしまいます。

　　$$2CrO_4{}^{2-} + 2H^+ \rightleftarrows Cr_2O_7{}^{2-} + H_2O$$

　　$HClaq$ を加えて再溶解させた後の溶液の色（橙赤）を問われたり，与えられたりしたとき，スムーズに対応できるようになっておきましょう。

10講 工業的製法

講義テーマ！

代表的な工業的製法の流れをマスターしましょう。

1 金属の単体や化合物の工業的製法

　工業的製法は，安全性だけでなくコストも重視した製法です。実験室では起こすことができない反応を利用していたり，いくつも段階を経たり，再利用したりと実験室的製法とは異なるため，きちんと学んでおく必要があります。

　ここで扱う工業的製法については，何を原料にどのような流れでつくるのかを答えられるようになっておきましょう。

1 炭酸ナトリウム Na_2CO_3 の製法

重要TOPIC 01

Na_2CO_3 の製法／アンモニアソーダ法 説明①

全体の化学反応式：$2NaCl + CaCO_3 \longrightarrow Na_2CO_3 + CaCl_2$

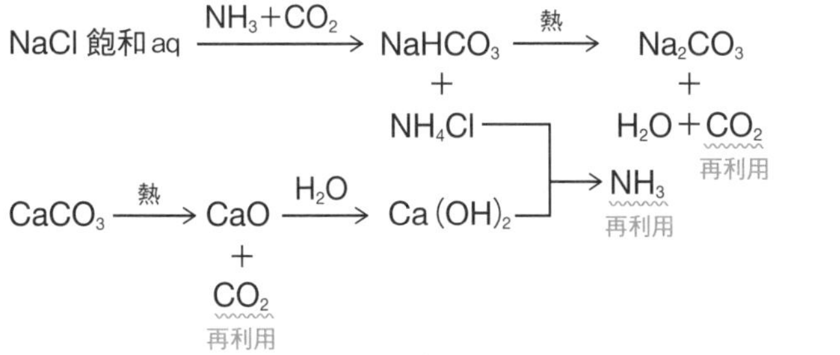

$NaCl$ 飽和aq $\xrightarrow{NH_3+CO_2}$ $NaHCO_3$ $\xrightarrow{熱}$ Na_2CO_3
　　　　　　　　　　　　　　＋　　　　　　　＋
　　　　　　　　　　　　NH_4Cl ──┐　H_2O+CO_2
　　　　　　　　　　　　　　　　　├→ NH_3 　再利用
$CaCO_3 \xrightarrow{熱} CaO \xrightarrow{H_2O} Ca(OH)_2$ ──┘　再利用
　　　　　＋
　　　　CO_2
　　　再利用

説明①

炭酸ナトリウム Na_2CO_3 はガラス工業などに利用されている物質です。

Na_2CO_3 は，自然界に存在する食塩 $NaCl$ と石灰石 $CaCO_3$ を原料にしたアンモニアソーダ法でつくられます。

$$2NaCl + CaCO_3 \longrightarrow Na_2CO_3 + CaCl_2 \quad \cdots(*)$$

しかし，実際には $NaCl$ と $CaCO_3$ を混ぜ合わせても反応は進行しません。その理由は，反応が進行するための原動力がないからです。原動力がないというのは，反応名が答えられないということです。$NaCl$ と $CaCO_3$ の組み合わせにあてはまる反応はありませんね（逆反応 $Na_2CO_3 + CaCl_2 \longrightarrow 2NaCl + CaCO_3\downarrow$ は沈殿生成反応が進行します）。

よって，$NaCl$ と $CaCO_3$ を直接反応させるのではなく，（*）の反応を遠回りして進行させます。それがアンモニアソーダ法なのです。

それでは，アンモニアソーダ法の流れを前半と後半に分けて確認していきましょう。

前半 $NaCl$からNa_2CO_3をつくる

$$NaCl\ 飽和\ aq \xrightarrow[①]{NH_3+CO_2} NaHCO_3\downarrow \atop +\ NH_4Cl \xrightarrow[②]{熱} Na_2CO_3 \atop +\ H_2O + \boxed{CO_2}$$

①へ再利用

---

① $NaCl$ 飽和水溶液に NH_3 を吸収させた後，CO_2 を吸収させる

→ $NaHCO_3$ が析出（副産物 NH_4Cl →後半⑤で再利用）

$$NaCl + NH_3 + CO_2 + H_2O \longrightarrow NaHCO_3 + NH_4Cl \quad \cdots(1)$$

通常，アルカリ金属は沈殿しません。しかし，$NaHCO_3$ は比較的溶解度が小さいため，相当量の Na^+ と HCO_3^- を準備すると沈殿させることが可能です。

（参考）　塩の溶解度($g/H_2O\ 100\ g$)

$NaHCO_3$ 9.4	NH_4Cl 37.5	$NaCl$ 35.9
Na_2CO_3 22.5	NH_4HCO_3 19.9	

まず，NaCl の飽和水溶液で十分な Na$^+$ を準備します。

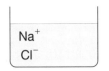

　ここに CO$_2$ を吸収させても，NaHCO$_3$ の溶解度に相当する HCO$_3^-$ は生じません。

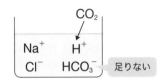

　そこで，水に非常によく溶ける <u>NH$_3$ を吸収させて溶液を塩基性にすることで，中和反応により酸性の CO$_2$ がたくさん吸収され，HCO$_3^-$ を相当量準備することができます。</u>

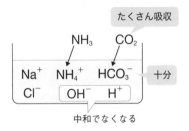

　よって，先に NH$_3$ を吸収させて，その後CO$_2$ を吸収させることがポイントになります。

② ①で析出した NaHCO$_3$ を熱分解
　　→ Na$_2$CO$_3$ が析出（副産物 H$_2$O，CO$_2$→①で再利用）
　　$2NaHCO_3 \longrightarrow Na_2CO_3 + H_2O + CO_2$ …(2)

　NaHCO$_3$ を加熱すると HCO$_3^-$ の間で H$^+$ の移動が起こり，CO$_3^{2-}$（Na$_2$CO$_3$）とH$_2$O + CO$_2$（炭酸）が生成します。
　ここで生じる CO$_2$ は①へ再利用されます。

$$HCO_3^- \longrightarrow CO_3^{2-}$$
$$\downarrow H^+$$
$$HCO_3^- \longrightarrow H_2O + CO_2$$

　常温では，逆反応（Na$_2$CO$_3$ + H$_2$O + CO$_2$ ⟶ 2NaHCO$_3$）が進行します。これは，CO$_2$ の検出法（→ p.106）で確認した反応と同じです。

　　$CaCO_3 + H_2O + CO_2 \longrightarrow Ca(HCO_3)_2$

ここまでで，NaCl を原料に Na_2CO_3 をつくることができました。

次は，もう1つの原料である $CaCO_3$ と①の副産物である NH_4Cl を利用して，NH_3 をつくります（①で再利用するため）。

後半 $CaCO_3$と副産物のNH_4ClからNH_3をつくる

$$CaCO_3 \xrightarrow[③]{熱} \begin{array}{c} CaO \\ + \\ \boxed{CO_2} \\ \text{①へ再利用} \end{array} \xrightarrow[④]{H_2O} Ca(OH)_2 \xrightarrow[⑤]{\substack{\text{①で生成した} \\ NH_4Cl}} \boxed{NH_3} \atop \text{①へ再利用}$$

---

③ $CaCO_3$ の熱分解

→ CaO と CO_2 が生成（CO_2→①で再利用）

$$CaCO_3 \longrightarrow CaO + CO_2 \quad \cdots(3)$$

$CaCO_3$ を加熱すると，空気中で安定な CO_2 が出ていき，CaO と CO_2 に分解されます。

④ CaO を H_2O に溶解させる

→ $Ca(OH)_2$ が生成

$$CaO + H_2O \longrightarrow Ca(OH)_2 \quad \cdots(4)$$

XO 型の CaO を H_2O に溶解させ，XOH 型の $Ca(OH)_2$ をつくります（→ p.16）。

⑤ ④の $Ca(OH)_2$ と①の副産物 NH_4Cl を反応させる

→ NH_3 が生成（①へ再利用）

$$Ca(OH)_2 + 2NH_4Cl \longrightarrow 2NH_3 + 2H_2O + CaCl_2 \quad \cdots(5)$$

弱塩基遊離反応を利用して $Ca(OH)_2$ と NH_4Cl から NH_3 をつくり，①へ再利用します。

それでは，製法全体をまとめて確認してみましょう。

アンモニアソーダ法全体の流れ

$$NaCl\ 飽和aq \xrightarrow[(1)]{NH_3+CO_2} NaHCO_3 \xrightarrow[(2)]{熱} Na_2CO_3$$

$$+ \qquad\qquad\qquad +$$

$$NH_4Cl \qquad\qquad H_2O+CO_2$$

(5) 再利用

$$NH_3$$ 再利用

$$CaCO_3 \xrightarrow[(3)]{熱} CaO \xrightarrow[(4)]{H_2O} Ca(OH)_2$$

$$+$$

$$CO_2$$

再利用

$$NaCl + NH_3 + CO_2 + H_2O \longrightarrow NaHCO_3 + NH_4Cl \quad \cdots(1)$$

$$2NaHCO_3 \longrightarrow Na_2CO_3 + H_2O + CO_2 \quad\qquad \cdots(2)$$

$$CaCO_3 \longrightarrow CaO + CO_2 \qquad\qquad\qquad\qquad \cdots(3)$$

$$CaO + H_2O \longrightarrow Ca(OH)_2 \qquad\qquad\qquad \cdots(4)$$

$$Ca(OH)_2 + 2NH_4Cl \longrightarrow 2NH_3 + 2H_2O + CaCl_2 \quad \cdots(5)$$

$(1) \times 2 + (2) + (3) + (4) + (5)$ より，

$$2NaCl + CaCO_3 \longrightarrow Na_2CO_3 + CaCl_2 \qquad \cdots(*)$$

以上より，各段階を1つにまとめると $(*)$ 式となるため，$NaCl$ と $CaCO_3$ を原料にして間接的に Na_2CO_3 をつくっていることになります。

Q&A

Q 16. すべての段階の化学反応式を書けるようにならなきゃいけないの？

A 16. そうですね。すべての段階の化学反応式，そしてそれらを1つにまとめた全体の化学反応式，いずれも問われている入試問題があります。

しかし，係数が複雑な反応がありませんし，XO 型を XOH 型に変えたり，弱塩基遊離反応のように，すでに学んだ反応を利用しているので，アンモニアソーダ法に関しては，流れが頭に入っていれば化学反応式はその場でつくれると思いますよ。

忘れていた反応はしっかり復習しておきましょうね。

炭酸ナトリウムの工業的製法に関する反応を以下の反応A〜反応Dに，また関連する化合物の相互反応を図に示す。

反応A：塩化ナトリウムの飽和水溶液に二酸化炭素とアンモニアを吹き込むと，(ア) が沈殿する。

反応B：反応Aで生成する (ア) を熱分解すると，炭酸ナトリウムが得られる。

反応C：反応Bで生成する二酸化炭素は回収して反応Aで再利用されるが，不足分は炭酸カルシウムの熱分解によりつくられる。

反応D：反応Aで生成する (イ) に対して反応Cで生成する (ウ) と水より得られる (エ) を反応させ，生成するアンモニアを回収する。

問1　空欄 (ア) 〜空欄 (エ) に入る適切な化学式を書きなさい。

問2　炭酸ナトリウム1.06 kgを製造するために理論上必要な塩化ナトリウムの質量 (kg)を有効数字2桁で求めなさい。($C = 12$, $O = 16$, $Na = 23$, $Cl = 35.5$) [岩手大]

\Point!/

アンモニアソーダ法の流れを思い出して書いてみよう！

▶ 解説

問1　アンモニアソーダ法の流れから，(ア)〜(エ)に入る物質の化学式を書きましょう（参照→ p.135）。◀ \Point!/

問2　アンモニアソーダ法の反応をまとめた反応式

$$2NaCl + CaCO_3 \longrightarrow Na_2CO_3 + CaCl_2$$

より，「$NaCl$ の物質量(mol)$\times \dfrac{1}{2} = Na_2CO_3$ の物質量(mol)」が成立します。

Na_2CO_3 1.06 kgを得るために必要な$NaCl$をx [kg]とすると，次のようになります。

$$\frac{x}{58.5} \times \frac{1}{2} = \frac{1.06\,\text{kg}}{106} \quad x = 1.17\,\text{kg} \quad \text{よって，} \underline{1.2\,\text{kg}}$$

▶ 解答　問1　(ア)…$NaHCO_3$　(イ)…NH_4Cl　(ウ)…CaO　(エ)…$Ca(OH)_2$

問2　**1.2 kg**

② 水酸化ナトリウム NaOH の製法

NaOH の工業的製法／NaClaq の電気分解 　説明①

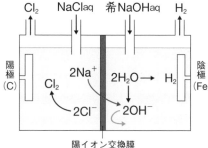

(陽極) $2Cl^- \longrightarrow Cl_2 + 2e^-$

(陰極) $2H_2O + 2e^- \longrightarrow H_2 + 2OH^-$

説明①

　水酸化ナトリウム NaOH の工業的製法は，両極間を陽イオン交換膜で仕切り，陽極側に NaClaq（炭素 C 電極），陰極側に希 NaOHaq（鉄 Fe 電極）を用いた電気分解です。

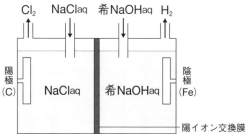

各極の反応式

　理論化学で学ぶ電気分解を思い出して，各極の反応式をつくってみましょう（陽極は電子 e^- を放出する極，陰極は e^- を受け取り処理する極ですね）。

[陽極]　$2Cl^- \longrightarrow Cl_2 + 2e^-$

　Cl^- が電子 e^- を放出して Cl_2 が発生します。

[陰極]　$2H_2O + 2e^- \longrightarrow H_2 + 2OH^-$

　Fe 電極が受け取った e^- を H_2O が処理して H_2 が発生します。

H_2O はほとんど電離していない(電離度 $\alpha = 1.8 \times 10^{-9}$)ため,イオンが非常に少なく電流が流れにくい環境です。よって,目的物質でもある NaOH を少しだけ加えて電流を流れやすくしています(希 NaOHaq 使用)。

陽イオン交換膜

陽イオン交換膜とは,陽イオンのみ通過させる膜です。陽イオンのみが通過できる理由は,膜を(弱く)負に帯電させているためです。

① **膜を挟んで反対側が正に帯電しているとき**(下図左)

陰イオンが反対側に引っぱられますが,膜の負電荷と反発するため通過できません。

② **膜を挟んで反対側が負に帯電しているとき**(下図右)

陽イオンが引っぱられ,膜を通過して移動します。

NaOH の製法で考えてみましょう。

・陽極:反応によって Cl^- が消費され,Na^+ が余る

・陰極:反応により OH^- が生じるため,負に帯電

・全体:陽極の Na^+ が陰極の負電荷に引っぱられて膜を通過し,陰極側へ移動

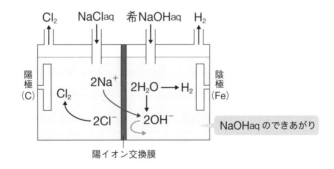

以上より，陰極側に Na^+ と OH^- が増加し，水溶液を濃縮すると $NaOH$ を得ることができます。

Q 17. 陰イオン交換膜で OH^- を陰極側から陽極側へ移動させてもいいの？

A 17. それはよくありません。

　まず，陽極で発生する Cl_2 は水中で次のような平衡状態になっているため，酸性を示します（→ p.99）。

$$Cl_2 + H_2O \rightleftharpoons HCl + HClO \quad \cdots (1)$$

よって，OH^- が陽極側へ侵入すると中和反応が進行し，目的の OH^- が消費されてしまいます。

$$HCl + HClO + 2OH^- \longrightarrow 2H_2O + Cl^- + ClO^- \quad \cdots (2)$$

$$((1)+(2)より，\ Cl_2 + 2OH^- \longrightarrow H_2O + Cl^- + ClO^-)$$

　図は，水酸化ナトリウムを得るために使用する塩化ナトリウム水溶液の電気分解実験装置を模式的に示したものである。電極の間は，陽イオンだけを通過させる陽イオン交換膜で仕切られている。一定電流を1時間流したところ，陰極側で2.00 gの水酸化ナトリウムが生成した。流した電流は何Aであったか。最も適当な数値を，下の①〜⑤のうちから1つ選びなさい。ただし，ファラデー定数は9.65×10^4 C/mol，原子量はH＝1.0，O＝16.0，Na＝23.0とする。

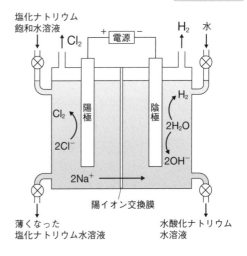

① 0.804　② 1.34　③ 8.04　④ 13.4　⑤ 80.4

[センター試験]

\Point!/
陰極で生じるOH^-の量に注目してみよう！

▶解説

　流した電流をx〔A〕として考えてみましょう。電流を1時間（3600秒）流しているので，このとき流れた電子e^-の物質量（mol）は，電気量計算の式より次のようになります。

$$\frac{x \times 3600}{9.65 \times 10^4} \text{〔mol〕}$$

　また，陰極での反応式$2H_2O + 2e^- \longrightarrow H_2 + 2OH^-$より，「流れた$e^-$の物質量（mol）＝生成する$OH^-$の物質量（mol）」が成立します。そして，生成したOH^-と同じ量のNa^+が陽極から移動してくるため，「流れたe^-の物質量（mol）＝生成するOH^-の物質量（mol）＝生成するNaOHの物質量（mol）」となります。◀ \Point!/
NaOHが2.00 g生じたことから，次のようになります。

$$\frac{x \times 3600}{9.65 \times 10^4} = \frac{2.00}{40.0} \qquad x = 1.340 \text{A} \quad \text{すなわち②}$$

▶解答　②

③ アルミニウム Al の製法

重要TOPIC 03

Al の製法／バイヤー法，ホール・エルー法 説明①

・バイヤー法：ボーキサイトからアルミナ Al_2O_3 を取り出す

$$\text{ボーキサイト} \xrightarrow{\text{濃 NaOHaq}} [Al(OH)_4]^- \xrightarrow[\text{または CO}_2]{H_2O} Al(OH)_3 \xrightarrow{\text{熱}} Al_2O_3$$

・ホール・エルー法：アルミナから Al を取り出す（Al_2O_3 の融解塩電解）

→氷晶石を加えてアルミナの融解液を電気分解（炭素 C 電極）

（陽極）$C + O^{2-} \longrightarrow CO + 2e^-$

$C + 2O^{2-} \longrightarrow CO_2 + 4e^-$

（陰極）$Al^{3+} + 3e^- \longrightarrow Al$

説明①

　アルミニウム Al は天然にボーキサイト（主成分 Al_2O_3，その他 Fe_2O_3，SiO_2）という鉱石で存在しており，クラーク数※第 3 位（金属元素だと第 1 位）です。

※クラーク数

　地球上の地表付近に含まれる元素の割合を質量パーセントで表したものです。大きいものから順に次のようになります。

| 1位 | 2位 | 3位 | 4位 |

酸素O ＞ ケイ素Si ＞ アルミニウムAl ＞ 鉄Fe

第 1 位から第 4 位まではボーキサイトの成分に含まれています。第 4 位までは頭の中に入れておきましょう。特に，Al は金属元素では第 1 位なので問われやすい傾向にあります。

　ボーキサイトから単体の Al を取り出す過程は大きく 2 つに分けられます。

［1］ボーキサイトからアルミナを取り出す過程

［2］アルミナから Al を取り出す過程

　それぞれの流れを確認していきましょう。

[1] バイヤー法

ボーキサイトからアルミナ(純度の高い酸化アルミニウム Al_2O_3)を取り出す過程がバイヤー法です。

$$\text{ボーキサイト} \xrightarrow[①]{\text{濃 NaOHaq}} [Al(OH)_4]^- \xrightarrow[②]{H_2O \text{ or } CO_2} Al(OH)_3 \xrightarrow[③]{\text{熱}} Al_2O_3$$
$$(Al_2O_3, \ Fe_2O_3, \ SiO_2)$$

① ボーキサイトを濃 NaOHaq に加える

→ $Na[Al(OH)_4]$aq が生成し,不純物は取り除かれる

まず,主成分の Al_2O_3 は両性酸化物のため $[Al(OH)_4]^-$ となって溶解します。

$$Al_2O_3 + 3H_2O + 2NaOH \longrightarrow 2Na[Al(OH)_4]$$

(XO 型の Al_2O_3 に形式的に H_2O を加えて反応式をつくってみましょう。→ p.17)

不純物の Fe_2O_3 は塩基性酸化物で NaOH と反応しないため,溶解しません。

また,SiO_2 は酸性酸化物なので NaOH と反応し,ケイ酸ナトリウム Na_2SiO_3 に変化しますが,高分子のような状態なので溶解しません(→ p.237)。

$$SiO_2 + 2NaOH \longrightarrow Na_2SiO_3 + H_2O$$

よって,この段階で不純物は取り除かれます。

② ①で生じた溶液に大量の水を加える,または CO_2 を吸収させる

→ 水酸化アルミニウム $Al(OH)_3$が析出

$Al(OH)_3$に過剰の NaOHaq を加えると $[Al(OH)_4]^-$ となります(再溶解→p.118)。

この,過剰 NaOH を過剰でない状態にするため,大量の水を加えて希釈するか,酸である CO_2 を加えて中和します。

$$Al(OH)_3 \underset{H_2O \text{ or } CO_2}{\overset{\text{過剰NaOHaq}}{\rightleftharpoons}} [Al(OH)_4]^-$$

> NaOHを過剰でない状態にする

これにより,$Al(OH)_3$ が析出します。

③ ②で生じた $Al(OH)_3$ を加熱する

→ アルミナ Al_2O_3 が生成

XOH 型の $Al(OH)_3$ を加熱すると，脱水により XO 型のアルミナ Al_2O_3 が得られます（→ p.17）。

$$2Al(OH)_3 \longrightarrow Al_2O_3 + 3H_2O$$

［2］ホール・エルー法

10
講

ボーキサイトから得られたアルミナ Al_2O_3 を**溶融塩電解**[※]して，Al を取り出す操作です。

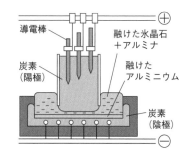

導電棒
融けた氷晶石＋アルミナ
炭素（陽極）
融けたアルミニウム
炭素（陰極）

工業的製法

※溶融塩電解（融解塩電解）
水溶液ではなく融解液（融点まで加熱して溶解させたもの）の電気分解。
軽金属（密度 4 g/cm³ 以下の金属。イオン化傾向だと Li〜Al）は水溶液を電気分解すると H_2O が反応して H_2 が発生するため，H_2O がない状態，すなわち融解液を電気分解して単体を取り出す。

Al_2O_3 の融点は約2000℃と高いため，融解させるための熱量や装置などコストがかかってしまいます。そこで，融点降下剤として**氷晶石 Na_3AlF_6** を加えて一緒に融解させます。これにより，約1000℃で融解します。

なぜ融点降下剤として氷晶石が適切なのか

融点と凝固点は同じなので，融点降下は凝固点降下と考えることができます。理論化学の「希薄溶液の性質」で学んでいるとおり，凝固点降下度は粒子の数に比例します。氷晶石は融解すると 1 粒が10粒に分かれるため，一緒に融解させると粒子数が増え，凝固点降下の効果が大きくあらわれるのです。

$$Na_3AlF_6 \longrightarrow 3Na^+ + Al^{3+} + 6F^-$$

合計10粒 !!

それだけではありません。もし，融解液中に Al よりイオン化傾向の小さい金属イオンが含まれていると，電気分解によってその金属が析出してしまいますが，氷晶石に含まれる金属イオンは，イオン化傾向が Al 以上のものしかないため，Al だけが析出します。

各極の反応

[陽極]
$$C + O^{2-} \longrightarrow CO + 2e^-$$
$$C + 2O^{2-} \longrightarrow CO_2 + 4e^-$$

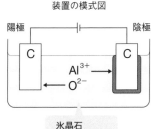

装置の模式図

特に高温で酸化されやすい炭素 C を電極に使用しているため，C が酸化されて CO や CO_2 が発生します。

Pt 電極を用いると，Pt は酸化されないため電気分解が進行しにくくなってしまいます。

よって，この電気分解では C 電極を用いることがポイントの1つです。

[陰極] $\quad Al^{3+} + 3e^- \longrightarrow Al$

融解液を用いており H_2O が存在しないため，陰極では Al^{3+} が電子 e^- を受け取り，単体の Al が析出します。

Q&A

Q 18. 陽極で $2O^{2-} \longrightarrow O_2 + 4e^-$ の反応は進行しないの？

A 18. O 原子の電気陰性度 χ が非常に大きいため，進行しません。

電気陰性度 χ の大きい O 原子は，できる限り異なる原子と結合しようとします。自分以外と結合すると，共有電子対は自分のものにできるからです（ただし，フッ素 F を除く）。

$$O^{\bullet} \ + \ {}^{\bullet}X \ \xrightarrow[\text{(F以外)}]{\text{結合}} \ O\!:\!|\ X$$

もし，同じ原子と結合すると，共有電子対は半分こですね。

$$O^{\bullet} \ + \ {}^{\bullet}O \ \xrightarrow{\text{結合}} \ O\ |\!\vdots\!|\ O$$

特に高温で酸化されやすい C 電極が存在するため，C と結合して CO や CO_2 が発生することになります。

アルミニウムは，ボーキサイトから精製した酸化アルミニウム Al_2O_3 に氷晶石 Na_3AlF_6 を加え，炭素電極を用いて融解塩電解を行って製造される。このとき，式(1)〜(3)に示す電子の授受が起こる。(i)5.00 V の電圧と 1.50×10^4 A の電流を流し融解塩電解を行ったところ，13.5 kg のアルミニウムが析出した。一方，(ii)この操作によって陽極の一部 8.10 kg が消費された。

陰極：$Al^{3+} + 3e^- \longrightarrow Al$ …(1)　　陽極：$C + 2O^{2-} \longrightarrow CO_2 + 4e^-$ …(2)

$C + O^{2-} \longrightarrow CO + 2e^-$ …(3)

問1　下線部(i)において，融解塩電解に必要な時間は何分か。有効数字2桁で答えなさい。ただし，ファラデー定数は 9.65×10^4 C/mol，原子量は $Al = 27$ とする。

問2　下線部(ii)において，式(2)および(3)により二酸化炭素 x(mol)と一酸化炭素 y(mol)が生成した。x と y はそれぞれ何 mol か。有効数字2桁で答えなさい。[上智大]

\Point!/

陽極と陰極に流れる電子 e^- の総量は同じ !!

▶ 解説

問1　1.50×10^4 A の電流を t 分(60t 秒)流したとすると，流れた電子 e^- の物質量(mol)

は，$\dfrac{1.50 \times 10^4 \times 60t}{9.65 \times 10^4}$ mol

また，陰極の式($Al^{3+} + 3e^- \longrightarrow Al$)より，流れた e^- の物質量は析出する Al の3倍であるため，量的関係の式は次のようになります。

$$\frac{1.50 \times 10^4 \times 60t}{9.65 \times 10^4} = \frac{13.5 \times 10^3}{27} \times 3 \ (=1500) \qquad t = \underline{1.60 \times 10^2 \text{分}}$$

問2　CO_2 を x(mol)，CO を y(mol)とすると，陽極(C 電極)の消費量と流れた e^- の量について次のような式が成立します。

$C + 2O^{2-} \longrightarrow CO_2 + 4e^-$
x(mol)　　　　　x(mol) $4x$(mol)

$C + O^{2-} \longrightarrow CO + 2e^-$
y(mol)　　　　y(mol) $2y$(mol)

C 電極の消費量について，

$$x + y = \frac{8.10 \times 10^3}{12}$$

流れた e^- の物質量について，

$$4x + 2y = 1500 \ \text{◀ \Point!/}$$

以上の連立方程式より，

$$x = \underline{7.5 \times 10 \text{ mol}}, \quad y = \underline{6.0 \times 10^2 \text{ mol}}$$

▶ 解答　問1　**1.6×10^2 分**　　問2　$x = 7.5 \times 10$ mol　$y = 6.0 \times 10^2$ mol

④ 鉄 Fe の製法

重要TOPIC 04

Fe の製法／酸化鉄の還元 説明①

鉄鉱石に石灰石とコークスを加えて加熱し還元する

$$
\begin{array}{l}
\text{鉄鉱石} \longrightarrow \text{Fe}_3\text{O}_4 \longrightarrow \text{FeO} \longrightarrow \overset{\text{せんてつ}}{\text{銑鉄}} \xrightarrow[\text{転炉}]{\text{O}_2} \overset{\text{こう}}{\text{鋼}} \\
\left(\begin{array}{l} \text{Fe}_2\text{O}_3 \quad \text{CaCO}_3\text{+C} \\ \boxed{\text{SiO}_2 \quad \text{CaO}} \searrow \swarrow \text{CO}_2 \longrightarrow \boxed{\text{CO}} \\ \quad\quad\quad\downarrow \quad\quad\quad\quad\quad \text{還元剤}\circledR \\ \quad \text{スラグ} \end{array}\right.
\end{array}
$$

説明①

鉄Feは天然に鉄鉱石として存在しています。**赤鉄鉱**（主成分Fe$_2$O$_3$）や**磁鉄鉱**（主成分Fe$_3$O$_4$）とよばれる鉄鉱石を還元して単体の Fe を取り出します。

$$
\begin{array}{l}
\text{鉄鉱石} \xrightarrow{①} \text{Fe}_3\text{O}_4 \xrightarrow{①} \text{FeO} \xrightarrow{①} \text{銑鉄} \xrightarrow[②]{\text{O}_2} \text{鋼} \\
\left(\begin{array}{l} \text{Fe}_2\text{O}_3 \quad \text{CaCO}_3\text{+C} \\ \boxed{\text{SiO}_2 \quad \text{CaO}} \searrow \swarrow \text{CO}_2 \longrightarrow \boxed{\text{CO}} \\ \quad\quad\quad\downarrow \quad\quad\quad\quad\quad \text{還元剤}\circledR \\ \quad \text{スラグ} \end{array}\right. \quad\quad\quad\quad \text{（鋼鉄）}
\end{array}
$$

① 鉄鉱石をコークス（主成分 C）や石灰石（主成分 CaCO$_3$）とともに溶鉱炉に入れて熱い空気を吹き込む

→ 生じる CO によって酸化鉄が還元され，銑鉄（C 含有率の高い鉄）が生じる

コークスC

高温で C が燃焼すると CO が発生します。CO$_2$ が生じても C が存在するため，高温では次の平衡が右に移動して CO に変化するためです。

$$
\text{C} + \text{CO}_2 \underset{}{\overset{\text{吸熱方向}}{\rightleftarrows}} 2\text{CO} \quad\quad \text{C} + \text{CO}_2 = 2\text{CO} - Q\text{kJ}
$$

鉄鉱石

ここでは，Fe 原子の酸化数が一番大きい赤鉄鉱（主成分 Fe$_2$O$_3$ ＋ おもな不純物 SiO$_2$）で確認していきましょう。

Fe_2O_3 はコークス C から生じた CO で還元されていき，最終的に**銑鉄**に変化します（CO は高温で還元力をもつ気体→ p.100）。

$$3Fe_2O_3 + CO \longrightarrow 2Fe_3O_4 + CO_2 \quad \cdots(1)$$

$$Fe_3O_4 + CO \longrightarrow 3FeO + CO_2 \quad \cdots(2)$$

$$FeO + CO \longrightarrow Fe + CO_2 \quad \cdots(3)$$

$((1) + (2) \times 2 + (3) \times 6) \times \dfrac{1}{3}$ により，1つにまとめると次のようになります。

$$Fe_2O_3 + 3CO \longrightarrow 2Fe + 3CO_2$$

石灰石 $CaCO_3$

$CaCO_3$ は熱分解により CaO と CO_2 に変化します（→ p.134）。

$$CaCO_3 \longrightarrow CaO + CO_2$$

CO_2 はコークス C と反応して CO に変化します。

CaO は不純物の SiO_2 と反応し $CaSiO_3$（**スラグ**といいます）となり，融解した銑鉄の上に浮いてくるため，取り除かれます。

$$\underline{CaO} \quad + \quad \underline{SiO_2} \longrightarrow CaSiO_3$$

塩基性酸化物　酸性酸化物

② 銑鉄を転炉の中に入れ，酸素を送り込みながら加熱する

　→ 銑鉄に含まれる C が取り除かれ，鋼（鋼鉄）に変化する

　銑鉄には約4％の C が含まれているため「（硬いが）もろい」「加工しにくい」といったイオン結晶のような性質ももちます（金属 Fe ＋非金属 C のため）。

　これを解消するため，転炉の中で C を酸化し，CO_2 に変えて取り除きます。

　これにより，C 含有率の非常に低い**鋼（鋼鉄）**が得られます。鋼（鋼鉄）は弾性に富み，頑丈です。

Q & A

Q 19. 四酸化三鉄 Fe_3O_4 の Fe の酸化数は分数になるの？

A 19. いいえ，なりません。Fe_3O_4 は FeO（Fe の酸化数 ＋2）と Fe_2O_3（Fe の酸化数 ＋3）が1:1で混合した状態です。よって，Fe の酸化数は「＋2と＋3」となります。

単体の鉄は，酸化鉄を含む鉄鉱石から溶鉱炉を用いて取り出される。鉄鉱石，コークスおよび石灰石を溶鉱炉に入れて熱風を吹き込むと，おもにコークスの燃焼で生じた $_a$一酸化炭素によって酸化鉄が還元されて鉄が生じる。

溶鉱炉で得られたばかりの炭素を約4%含む鉄は，$\boxed{\text{ア}}$ とよばれ，硬くてもろい。また炭素を0.02〜2%に減らした鉄は，鋼とよばれ，硬くて粘り強い。

鉄は，塩酸，希硫酸には水素を発生して溶け，鉄(Ⅱ)イオン Fe^{2+} となるが，$_b$濃硝酸には溶解しない。これは，鉄が $\boxed{\text{イ}}$ とよばれる状態となるためである。

問1 下線部 a に関連して，鉄鉱石が Fe_2O_3 のみからなる場合の化学反応を正しく記述するために，次の $\boxed{\text{A}}$，$\boxed{\text{B}}$ にあてはまる化学式(係数を含む)を記しなさい。

$$Fe_2O_3 + \boxed{\text{A}} \longrightarrow 2Fe + \boxed{\text{B}}$$

問2 $\boxed{\text{ア}}$，$\boxed{\text{イ}}$ にあてはまる語を記しなさい。

問3 下線部 b に関連して，鉄と同じ理由で濃硝酸に溶けない金属を次の①〜⑤の中から1つ選び，番号で答えなさい。

① アルミニウム ② 亜鉛 ③ 銅 ④ 銀 ⑤ 鉛 [秋田大]

\Point!/

鉄の製法の流れをもう一度思い出してみよう！

▶ 解説

問1 鉄は工業的に鉄鉱石(酸化鉄)を CO で還元してつくります。◀ \Point!/

徐々に還元されますが，まとめると次のような反応式になります(→ p.147)。

$$Fe_2O_3 + _A\underline{3CO} \longrightarrow 2Fe + _B\underline{3CO_2}$$

(「酸化鉄中に O 原子が3個あるから，CO が3分子必要」と考えましょう。)

問2 鉄鉱石を還元して得られる鉄は C 含有率が高く，$_ア\underline{銑鉄}$ とよばれます。

また，Fe は$_イ\underline{不動態}$を形成するため，濃硝酸に溶解しません(→ p.114)。

問3 Fe だけでなく，ニッケル Ni やアルミニウム Al も不動態を形成します。

▶ 解答 **問1** A…3CO B…3CO₂ **問2** ア…**銑鉄** イ…**不動態** **問3** ①

5 銅 Cu の製法

重要TOPIC 05

Cu の製法／電解精錬 [説明①]

黄銅鉱 $CuFeS_2$ から取り出した粗銅を電解精錬する

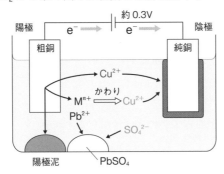

陽極：$Cu \longrightarrow Cu^{2+} + 2e^-$

　　　(不純物は陽極泥として析出，または溶液中にイオンとして残る)

陰極：$Cu^{2+} + 2e^- \longrightarrow Cu$

[説明①]

銅 Cu は天然に黄銅鉱 $CuFeS_2$ として存在しています。

黄銅鉱から単体の Cu を取り出す過程は大きく 2 つに分けられます。

[1] 黄銅鉱から粗銅(不純物を含む銅)を取り出す

[2] 粗銅から純銅を取り出す

それぞれの流れを確認していきましょう。

Q & A

Q 20. 黄銅鉱 $CuFeS_2$ の化学式は暗記するの？

A 20. 頻出ではありませんが，化学式を書かされる問題も出題されているため，
書けるようになっておいた方がよいですね。
硫化銅(Ⅱ)CuS と硫化鉄(Ⅱ)FeS が 1：1 で混合した状態と頭に入れて
おくと，化学式を書きやすいと思います。

[1] 黄銅鉱 $CuFeS_2$ から粗銅を取り出す

① 黄銅鉱をコークス(主成分 C)，石灰石(主成分 $CaCO_3$)，ケイ砂(主成分 SiO_2) とともに溶鉱炉に入れて強熱する

→ Fe はスラグとなって浮き，Cu は Cu_2S となって炉の底に析出する

鉄Fe

イオン化傾向が大きいため酸化されて酸化鉄(Ⅱ)FeO となり，ケイ砂 SiO_2 と反応してスラグ $FeSiO_3$ となって浮きます。

銅Cu

Cu は硫化銅(Ⅰ)Cu_2S となって炉の底に析出します。

(参考)　①全体では次のような反応式になります。

$$2CuFeS_2 + 4O_2 + 2SiO_2 \longrightarrow Cu_2S + 2FeSiO_3 + 3SO_2$$

② Cu_2S を転炉に入れ，空気を通じて強熱する

→ 硫黄 S が酸化されて取り除かれ，粗銅が得られる

S が酸化されて SO_2 として取り除かれ，単体の Cu が得られます。

$$2Cu_2S + 3O_2 \longrightarrow 2Cu_2O + 2SO_2$$
$$Cu_2S + 2Cu_2O \longrightarrow 6Cu + SO_2$$

ここで得られる Cu には不純物(Zn，Fe，Ni，Pb，Ag，Au など)が含まれ，粗銅とよばれます。

[2] 粗銅から純銅を取り出す

電気分解を利用して粗銅から不純物を取り除き，純銅を取り出します。

粗金属から不純物を取り除く操作を精錬というため，この操作は電解精錬とよばれます。

右のように，粗銅を陽極，純銅を陰極に用いて，硫酸銅(Ⅱ)$CuSO_4$ 水溶液を電気分解します。

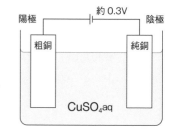

それでは，各極の変化を確認していきましょう。

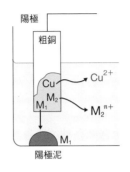

陽極

> [陽極]　**電極が溶解**
>
> $$Cu \longrightarrow Cu^{2+} + 2e^-$$

不純物

・**イオン化傾向が Cu より小さい金属 M_1**

　→イオンになることはできないため，単体のま
　　ま陽極の下に析出します。これを**陽極泥**とい
　　います。

・**イオン化傾向が Cu より大きい金属 M_2**

　→イオンとなって水溶液中に溶け出します。

$$M_2 \longrightarrow M_2^{n+} + ne^-$$

※注意　鉛 Pb はイオン化傾向が Cu より大きいため，Pb^{2+} となって溶け出しま
　　すが，水溶液中には硫酸イオン SO_4^{2-} が存在するため，<u>白色沈殿の $PbSO_4$ と</u>
　　<u>して陽極の下に析出します。</u>

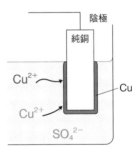

陰極

> [陰極]　**銅が析出**
>
> $$Cu^{2+} + 2e^- \longrightarrow Cu$$

　陰極では，重金属の **Cu** が析出します。

　例えば，粗銅の不純物に **Zn** が含まれている場
合，**Zn** も重金属ですが，よりイオン化傾向の小
さい **Cu** が電子 e^- を受け取って単体になるため，
基本的に **Zn** は析出しません（イオン化傾向の大きい金属がイオンで存在）。

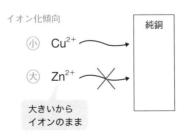

しかし，高電圧で電流を流すとCu^{2+}だけではe^-を処理しきれず，Cuよりイオン化傾向の大きい重金属も析出する可能性があります。よって，この電解精錬は非常に低い電圧で行っています（約0.3V）。

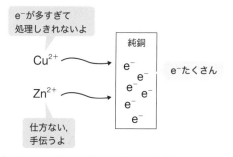

銅の電解精錬の計算問題の考え方

①電極の質量変化を与えられたとき

陽極と陰極の質量変化の総和をそれぞれ式にします。

陽極の減少量 ＝ 溶解したCu^{2+} ＋ 溶解したその他のイオン ＋ 陽極泥

X〔g〕　　　　　a〔g〕　　　　　　　b〔g〕　　　　　　　c〔g〕

陰極の増加量 ＝ 陽極から溶解したCu^{2+} ＋ 減少した$CuSO_4aq$中のCu^{2+}

Y〔g〕　　　　　a〔g〕　　　　　　　　e〔g〕

②その他

「陽極で溶解する Cu 以外の金属が放出するe^-の合計物質量（mol）

　　　　＝$CuSO_4aq$中のCu^{2+}が受け取るe^-の物質量（mol）」

を式にします。

陽極で溶解する Cu が放出するe^-は事実上，自身で受け取り処理します。それに対して，陽極で溶解する Cu 以外の金属が放出するe^-を処理するのは，$CuSO_4aq$中のCu^{2+}です。

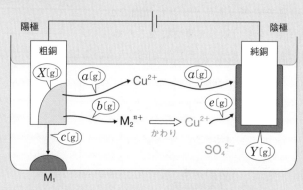

次の文を読み，(1)，(2)に四捨五入して有効数字 3 桁の数値を記しなさい。ただし，ファラデー定数は 9.65×10^4 C/mol，原子量は Cu ＝ 64，Zn ＝ 65 とする。

単体の Cu を得るため，不純物として Zn，Ag，Au のみを含む粗銅板を陽極として用い，硫酸酸性の $CuSO_4$ 水溶液中で電解精錬を行った。この水溶液に 19.3 A の一定電流を 8 時間20分流して約 0.3 〜 0.4 V の低電圧で電気分解を行うと，陰極には Cu のみが 　(1)　 g 析出した。このとき，陽極の質量が 193 g 減少しており，陽極泥の質量は 0.970 g であった。これらのことから，粗銅に含まれる不純物である Zn，Ag，Au のうち，金属イオンとして水溶液中に溶出した金属の物質量は，　(2)　 $\times 10^{-2}$ mol と計算される。なお，電気分解に要した電流はすべて陽極での粗銅中の金属の溶出および陰極での単体の Cu の析出のみに使われたものとする。

[関西大]

\Point!/

陽極は溶解した後，何に変化するかを思い出そう!!

▶ 解説

陽極：$Cu \longrightarrow Cu^{2+} + 2e^-$, $Zn \longrightarrow Zn^{2+} + 2e^-$

陰極：$Cu^{2+} + 2e^- \longrightarrow Cu$

(1) 陰極の式より，「流れた電子 e^- の物質量(mol) $\times \dfrac{1}{2}$ ＝ 析出する Cu の物質量(mol)」

が成立するため，析出する Cu を x〔g〕とすると，次のようになります。

$$\underbrace{\frac{19.3 \times (8 \times 3600 + 20 \times 60)}{9.65 \times 10^4}}_{\text{流れた } e^- \quad 6.0 \text{ mol}} \times \frac{1}{2} = \frac{x}{64} \qquad x = \underline{1.92 \times 10^2} \text{ g}$$

(2) 溶解した陽極に含まれていた Cu を y〔mol〕，Zn を z〔mol〕とすると，

「陽極の減少量(g) ＝ 溶解した Cu の量(g) ＋ 溶解した Zn の量(g) ＋ 陽極泥(Ag，Au)の量(g)」（→ p.152）

より，$193 = 64y + 65z + 0.970$ が成立します。

また，陰極に流れた e^- は(1)より 6.0 mol なので，陽極にも同量の e^- が流れているため，$6.0 = 2y + 2z$ が成立します。

連立方程式を解くと，$y = 2.97$ mol，$z = \underline{3.00 \times 10^{-2}}$ mol となります。

▶ 解答　(1) **1.92×10^2**　　(2) **3.00**

2 非金属化合物の工業的製法

1 硝酸 HNO₃ の製法

重要TOPIC 06

HNO₃の工業的製法／オストワルト法 説明①

アンモニアを原料に硝酸をつくる（$NH_3 + 2O_2 \longrightarrow HNO_3 + H_2O$）

$$NH_3 \xrightarrow[\text{(Pt)}]{O_2} NO \xrightarrow{\text{空気}} NO_2 \xrightarrow{\text{温水}} HNO_3 + \boxed{NO}$$

ハーバー・ボッシュ法
で製造   再利用

NO を再利用するため、「NH₃ の物質量（mol）＝HNO₃ の物質量（mol）」が成立

説明①

アンモニア NH_3 を原料に硝酸 HNO_3 をつくる方法が**オストワルト法**です。

原料の NH_3 は、窒素 N_2 と水素 H_2 を高温高圧、四酸化三鉄 Fe_3O_4 触媒下で反応させる**ハーバー・ボッシュ法**でつくります。

$$N_2 + 3H_2 \xrightarrow[Fe_3O_4]{\text{高温・高圧}} 2NH_3$$

それでは、オストワルト法の流れを確認していきましょう。

$$NH_3 \xrightarrow[①]{O_2(Pt)} NO \xrightarrow[②]{\text{空気}} NO_2 \xrightarrow[③]{\text{温水}} HNO_3 + NO$$

再利用

① NH₃ を800℃で燃焼させる（Pt 触媒存在下）

→ 一酸化窒素 NO が生成

通常、NH_3 を燃焼させるとおもに N_2 が発生しますが、Pt 触媒を用いて燃焼させると NO が発生します。

$$4NH_3 + 5O_2 \longrightarrow 4NO + 6H_2O \quad \cdots(1)$$

ここに関しては，Pt触媒を用いることやNOが発生することを知っておく必要があります。

② ①で生成したNOを空気と接触させる

　→ NOが酸化されNO$_2$に変化

　NOは酸化されやすいため，空気と接触させるだけでO$_2$と反応してNO$_2$に変化します。

$$\underset{\text{無色}}{2NO} + O_2 \longrightarrow \underset{\text{赤褐色}}{2NO_2} \quad \cdots(2)$$

　「空気中で無色(NO)から赤褐色(NO$_2$)に変化」という表現で間接的にNOであることを与えられる問題もあります。

③ ②で生成したNO$_2$を温水に溶かす

　→ HNO$_3$とNOが生成(NOは②へ再利用)

　まず，NO$_2$を冷水に溶かすと，酸化還元反応(酸化剤⊙も還元剤Ⓡも NO$_2$なので自己酸化還元といわれます)により，HNO$_3$と亜硝酸 HNO$_2$が生成します。

$$\underset{+4}{2NO_2} + H_2O \longrightarrow \underset{+5}{HNO_3} + \underset{+3}{HNO_2} \quad \cdots(\text{i})$$

(頻出ではありませんが，この反応式を問われる問題もあります。)

　そして温度が上がると，HNO$_2$の分解反応が進行します。

$$3HNO_2 \longrightarrow HNO_3 + 2NO + H_2O \quad \cdots(\text{ii})$$

$\{(\text{i}) \times 3 + (\text{ii})\} \times \dfrac{1}{2}$ より，NO$_2$を温水に溶解させたときの反応式は次のようになります。

$$3NO_2 + H_2O \longrightarrow 2HNO_3 + NO \quad \cdots(3)$$

　ここで生じるNOを②へ再利用するのがオストワルト法のポイントです。NOを取り出し再利用するために，冷水ではなく温水を使用しているのです。

以上より，オストワルト法全体の反応式は次のようになります。

$\{(1)+(2)\times 3 +(3)\times 2\}\times \dfrac{1}{4}$ より，

$$NH_3 + 2O_2 \longrightarrow HNO_3 + H_2O$$

この反応式より「**NH_3 の物質量(mol) ＝ HNO_3 の物質量(mol)**」が成立することがわかります。計算問題で重要になるので，意識しておきましょう。

オストワルト法の計算問題における注意点

オストワルト法全体の化学反応式より，「NH_3 の物質量(mol) ＝ HNO_3 の物質量(mol)」であることを確認できましたが，全体の反応式を与えられることはほとんどありません。

$$NH_3 + 2O_2 \longrightarrow HNO_3 + H_2O \quad (\text{与えられないことが多い})$$

反応式がまったく与えられなかったときや，3 段階の各反応式のみが与えられたとき，「NH_3 の物質量(mol) ＝ HNO_3 の物質量(mol)」であることを見逃しがちなので注意が必要です。

3 段階の反応式から NH_3 と HNO_3 の量的関係を導くと，どのような勘違いをしてしまうのか，確認しておきましょう。

例えば，4 mol の NH_3 が反応する場合で考えてみましょう。

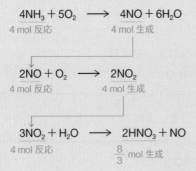

$$4NH_3 + 5O_2 \longrightarrow 4NO + 6H_2O$$
4 mol 反応　　　　4 mol 生成

$$2NO + O_2 \longrightarrow 2NO_2$$
4 mol 反応　　　　4 mol 生成

$$3NO_2 + H_2O \longrightarrow 2HNO_3 + NO$$
4 mol 反応　　　　$\dfrac{8}{3}$ mol 生成

これより，NH_3 の物質量と HNO_3 の物質量は $4 : \dfrac{8}{3}$ となってしまいます。NO の再利用を考えていないためです。気をつけましょう。

演習問題 6　　　　　　　　　　　　　　　　　　　▶標準レベル

　アンモニアと酸素から硝酸を合成するオストワルト法について，以下の**問1〜5**に答えよ。ただし，原子量は H＝1.0，N＝14，O＝16 とする。

問1　第一段階としてアンモニアと空気を白金触媒の存在下で混合し，一酸化窒素を生じる過程の化学反応式を記しなさい。

問2　第二段階として一酸化窒素をさらに酸素と反応させ二酸化窒素とする過程の化学反応式を記しなさい。

問3　最終段階として二酸化窒素を水に溶かして硝酸とする過程の化学反応式を記しなさい。

問4　問1〜問3を1つにまとめた化学反応式を記しなさい。

問5　アンモニア1.0 kg が100％反応すると硝酸は最大で何 kg できるか，有効数字2桁で答えなさい。

[横浜国大]

\Point!/
NO を再利用するため「NH_3 の物質量（mol）＝HNO_3 の物質量（mol）」!!

▶**解説**

問1〜問4 → p.154〜156参照

　問われることが多いため，各段階の化学反応式が書けるように練習しておきましょう。

問5　問4のまとめた化学反応式より，次の量的関係がわかります。

　　NH_3 の物質量（mol）＝HNO_3 の物質量（mol） ◀ \Point!/

　よって，生じる HNO_3 を x〔kg〕とすると，次のようになります。

$$\frac{1.0}{17} = \frac{x}{63} \qquad x = 3.70 \qquad \underline{3.7\ \text{kg}}$$

▶**解答**　**問1**　$4NH_3 + 5O_2 \longrightarrow 4NO + 6H_2O$　**問2**　$2NO + O_2 \longrightarrow 2NO_2$

　　　　　問3　$3NO_2 + H_2O \longrightarrow 2HNO_3 + NO$　**問4**　$NH_3 + 2O_2 \longrightarrow HNO_3 + H_2O$

　　　　　問5　**3.7 kg**

② 濃硫酸 H_2SO_4 の製法

濃 H_2SO_4 の工業的製法／接触法 説明①

二酸化硫黄を原料に濃硫酸をつくる

$$SO_2 \xrightarrow[(V_2O_5)]{O_2} SO_3 \xrightarrow{H_2O} H_2SO_4$$

$\longrightarrow$ 発煙硫酸 $\longrightarrow$
濃硫酸　　　　　　　　　　希硫酸

実際の手順

反応式から実際の操作はイメージできないため，きちんと理解しておく

説明①

　二酸化硫黄 SO_2 を原料に濃硫酸 H_2SO_4 をつくる方法が**接触法**です。

　原料の SO_2 は黄鉄鉱 FeS_2 や硫黄 S を燃焼させてつくります。

$$4FeS_2 + 11O_2 \longrightarrow 2Fe_2O_3 + 8SO_2$$

$$S + O_2 \longrightarrow SO_2$$

それでは，接触法の流れを確認していきましょう。

$$SO_2 \xrightarrow[\substack{(V_2O_5) \\ ①}]{O_2} SO_3 \xrightarrow[②]{H_2O} H_2SO_4$$

$\longrightarrow$ 発煙硫酸
濃硫酸　　　　　　　　　　希硫酸

実際の手順

① SO_2 と O_2 を反応させる（V_2O_5 触媒存在下）

→ 三酸化硫黄 SO_3 が生成

　通常，S を O_2 で酸化しても SO_3 は得られません。それは，SO_2 の酸化反応の活性化エネルギーが大きく反応が進行しないためです。

$$S \xrightarrow{O_2} SO_2 \xcancel{\xrightarrow{O_2}} SO_3$$

そこで，活性化エネルギーを低くするため，
酸化バナジウム（V）V_2O_5 触媒を使用しま
す。このとき，V_2O_5 と接触させることから
接触法とよばれています。

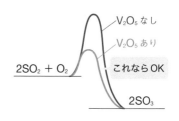

$$2SO_2 + O_2 \xrightarrow[V_2O_5]{} 2SO_3$$

② ①で生じた SO_3 を濃硫酸に吸収させた後，希硫酸を加える

→ SO_3 と H_2O から濃硫酸 H_2SO_4 が生成

何が起こっているのか，1つずつ確認してみましょう。

ここの操作の目的は①で生成した SO_3 と H_2O から H_2SO_4 をつくることです。

$$SO_3 + H_2O \longrightarrow H_2SO_4$$

しかし，H_2O に SO_3 を吸収させることはで
きません。理由は2つあります。

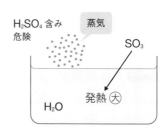

理由1…SO_3 の溶解熱が大きく，その熱で
H_2O（一部 H_2SO_4 に変化している）が
蒸発するため危険。

理由2…SO_3 を飽和まで溶解させても濃硫酸の濃度（約98％）に達しない。

以上より，SO_3 を H_2O に吸収させるのではなく，濃硫酸の中で SO_3 と H_2O を
反応させます。そのために，次のような操作を行います。

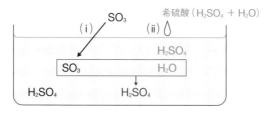

(i) 濃硫酸に SO_3 を吸収させる

濃硫酸に SO_3 を吸収させた状態を**発煙硫酸**といいます。

この操作でも発熱はありますが，濃硫酸の沸点は約300℃と高いため，蒸気は出ません。

(ii) 希硫酸 H_2SO_4aq を加える

希硫酸を加えると，(i)で吸収させた SO_3 と希硫酸中の H_2O から H_2SO_4 が生成します。

操作は複雑に見えますが，結局起こっている反応は，

$$SO_3 + H_2O \longrightarrow H_2SO_4$$

だけですね。

濃硫酸をゼロからつくるのではなく，濃硫酸の中で上記の反応を起こし，濃硫酸を増やしていくイメージです。

実践！ 演習問題 7　　　　　　　　　　　　　　　▶標準レベル

次の文章を読み，下の問1〜3に答えよ。

濃硫酸は工業的には次のように製造される。硫黄の燃焼で得られた二酸化硫黄を，酸化バナジウム(V)を触媒として空気中で酸化させて三酸化硫黄とする。得られた三酸化硫黄を濃硫酸に吸収させて，(a)を得る。これに希硫酸を加えて薄めることで濃硫酸にする。このような工業的製法を(b)という。

問1　文中の空欄(a)にあてはまる物質名として，最も適切なものを次の(ア)〜(キ)の中から1つ選びなさい。

(ア) 王水　　　　(イ) 混酸　　　(ウ) 硫化水素　　(エ) 希硫酸

(オ) 発煙硫酸　　(カ) 亜硫酸　　(キ) 濃硝酸

問2　文中の空欄(b)にあてはまる最も適当なものを，次の(ア)〜(キ)の中から1つ選びなさい。

(ア) オストワルト法　　(イ) ハーバー・ボッシュ法　　(ウ) クメン法

(エ) 接触法　　　　　　(オ) アンモニアソーダ法　　　(カ) 電解精錬

(キ) 融解塩電解

問3　この製法により硫黄16 kgをすべて硫酸に変えたとすると，理論上，質量パーセント濃度98%の濃硫酸は何kg得られるか。次の(ア)～(キ)の中から最も近い値を1つ選びなさい。ただし，原子量はH＝1.0，O＝16，S＝32とする。

(ア)　16　　(イ)　24　　(ウ)　25　　(エ)　32　　(オ)　50

(カ)　80　　(キ)　98

[千葉工大]

\Point!/
濃硫酸の工業的製法で再利用があったかどうか思い出してみよう！

▶ 解説

問1　三酸化硫黄 SO_3 を濃硫酸に吸収させた状態を<u>発煙硫酸</u>といいます。

問2　濃硫酸の工業的製法を<u>接触法</u>といいます。

問3　各段階の化学反応式から，「硫黄 S の物質量(mol)＝硫酸 H_2SO_4 の物質量(mol)」が成立することがわかります。

$$S \quad + \quad O_2 \longrightarrow SO_2$$
Amol　　　　　　　　Amol
反応　　　　　　　　生成

$$2SO_2 \quad + \quad O_2 \longrightarrow 2SO_3$$
Amol　　　　　　　　Amol
反応　　　　　　　　生成

$$SO_3 \quad + \quad H_2O \longrightarrow H_2SO_4$$
Amol　　　　　　　　Amol
反応　　　　　　　　生成

以上より，生成する濃硫酸を x〔kg〕とすると，次のようになります。

$$\frac{16}{32} = x \times \frac{98}{100} \times \frac{1}{98}$$

$$x = \underline{50} \text{ kg}$$

(接触法では「再利用」や「途中で S を含む物質を加える操作」がありません。そのため，化学反応式を書かなくても，S 1 mol から H_2SO_4 1 mol が生成すると判断できます。◀ \Point!/)

▶ 解答　問1 **(オ)**　　問2 **(エ)**　　問3 **(オ)**

入試問題にチャレンジ

01

次の文章を読み，問1～問7に答えよ。

化学実験で使用する気体のいくつかは，実験室において適切な試薬と実験器具を用いて発生させることができる。表1に，様々な気体を実験室において発生させる方法を示す。

表1　様々な気体を実験室において発生させる方法

反応	得られる気体	試薬の組み合わせ
1	塩素	(a) ＋濃塩酸
2	アンモニア	塩化アンモニウム＋ (b)
3	一酸化窒素	(c) ＋希硝酸
4	二酸化窒素	(c) ＋濃硝酸
5	酸素	(a) ＋過酸化水素水
6	硫化水素	硫化鉄＋希硫酸
7	フッ化水素	フッ化カルシウム＋濃硫酸

　このうち，①反応1で発生する塩素は，高度さらし粉（主成分 $Ca(ClO)_2 \cdot 2H_2O$）に塩酸を加えても得られる。また，反応2で得られるアンモニアは，反応3および4で試薬として用いる希硝酸もしくは濃硝酸の原料となる。希硝酸や濃硝酸は，工業的にはオストワルト法により製造される。オストワルト法ではまず，②アンモニアを空気と混合し，白金触媒を用いて加熱酸化して一酸化窒素を得る。次に，③得られた一酸化窒素を酸素で酸化して二酸化窒素とする。最後に，④二酸化窒素を水と反応させて硝酸とする。

問1　下線部①について，$Ca(ClO)_2 \cdot 2H_2O$ に塩酸を加えて塩素を発生させる反応を，イオンを表す化学式を含まない化学反応式で書け。

問2　空欄 (a) および (b) に入る最も適切な試薬を，次のア～カより1つずつ選べ。

　　ア　酸化アルミニウム　イ　酸化マンガン(Ⅳ)　ウ　水酸化カルシウム

　　エ　硫酸ナトリウム　　オ　酸化鉄(Ⅲ)　　カ　炭酸カルシウム

問3　下線部②～④の反応の化学反応式を1つにまとめた化学反応式を書け。

問4　表1の反応3および4における気体の発生では，(c) の金属片が用いられる。空欄 (c) に入る最も適切な金属を，次のア～カより1つ選べ。

　　ア　アルミニウム　イ　鉄　ウ　ニッケル　エ　銅　オ　白金　カ　金

問5　表1の反応5について，過酸化水素の電子式を書け。

問6　表1に示す反応により得られる気体のうち，最も適切な捕集法が反応6において発生した硫化水素の捕集法と同じであり，かつ有色の気体はどれか。あてはまるものをすべて選び，その化学式を書け。

問7　表1の反応7で得られるフッ化水素やその水溶液であるフッ化水素酸について，次のア〜オの記述の中で正しいものをすべて選べ。

ア　フッ化水素はハロゲン化水素のなかで最も沸点が低い。

イ　フッ化水素酸は弱酸である。

ウ　フッ化水素は極めて酸化力の強い気体であり，水素と爆発的に反応する。

エ　硝酸銀水溶液にフッ化水素酸を数滴加えるとフッ化銀が沈殿する。

オ　フッ化水素酸はガラスを溶かす。　　　　　　　　　　　　　　[東北大]

▶ **解説**　　　　　　　　　　　　　　▶▶▶ 動画もCHECK

2-01

問2・問4　まず，表の反応1〜7について確認してみましょう。

反応1 Cl_2 の製法

Cl_2 は Cl^- が還元剤Ⓡとして反応したときに生成するため，酸化剤Ⓞと Cl^- による酸化還元反応でつくります。

ただし，Cl_2 は有毒であるため，加熱が必要な弱い酸化剤Ⓞの問2(a) $\underline{MnO_2}$ を使用します（→ p.85）。

反応2 NH_3 の製法

NH_3 は弱塩基なので，NH_4^+（NH_4Cl）と強塩基（問2(b) $\underline{Ca(OH)_2}$ など）による弱塩基遊離反応でつくります（→ p.89）。

反応3 NO の製法

NO は希硝酸が酸化剤Ⓞとして反応したときに生成するため，希硝酸と還元剤Ⓡ（金属の単体）による酸化還元反応でつくります。ただし，H_2 の発生を防ぐため，使用する金属は希酸と反応しない問4 $\underline{Cu}$ や Ag が適切です（→ p.85）。

反応4 NO_2 の製法

NO_2 は濃硝酸が酸化剤Ⓞとして反応したときに生成するため，反応3の希硝酸を濃硝酸に変えてつくります。

反応5 O_2 の製法

O_2 は H_2O_2 が還元剤Ⓡとして反応したときに生成するため，酸化還元反応を利用しますが，H_2O_2 は酸化剤Ⓞとしてもはたらくため，触媒問2(a) $\underline{MnO_2}$ を用いた自己酸化還元反応でつくります。

このとき H_2O_2 が2種類の物質に変化するため，分解反応といわれます（→ p.95）。

反応6 H$_2$S の製法

H$_2$S は弱酸なので，S^{2-}(FeS)と強酸(希硫酸)による弱酸遊離反応でつくります。

反応7 HF の製法

HF は揮発性の酸なので，F$^-$(CaF$_2$)と濃硫酸による揮発性の酸遊離反応でつくります。

問1　まず ClO$^-$ と強酸(HCl)による弱酸遊離反応で HClO が生成します。

$$Ca(ClO)_2 \cdot 2H_2O + 2HCl$$
$$\longrightarrow 2HClO + CaCl_2 + 2H_2O \quad \cdots(i)$$

次に HClO と HCl による酸化還元反応で Cl$_2$ が生成します。

$$HCl + HClO \longrightarrow Cl_2 + H_2O \quad \cdots(ii)$$

式(i) + 式(ii)×2 より，

$$Ca(ClO)_2 \cdot 2H_2O + 4HCl$$
$$\longrightarrow CaCl_2 + 4H_2O + 2Cl_2$$

(ClO$^-$ と Cl$^-$ の Cl の酸化数はそれぞれ +1 と -1 なので，その真ん中の 0，すなわち単体 Cl$_2$ になると考えて一発で書いてみましょう。)

問3　下線部②〜④の各反応式は次のようになります(→ p.154)。

$$4NH_3 + 5O_2 \longrightarrow 4NO + 6H_2O \quad \cdots②$$
$$2NO + O_2 \longrightarrow 2NO_2 \quad \cdots③$$
$$3NO_2 + H_2O \longrightarrow 2HNO_3 + NO \quad \cdots④$$

$\{② + ③ \times 3 + ④ \times 2\} \times \dfrac{1}{4}$ より，

$$NH_3 + 2O_2 \longrightarrow HNO_3 + H_2O$$

問5　過酸化物とは -O-O- をもつ化合物で，過酸化水素は H-O-O-H となります。これを電子式で書きましょう。

$$H : \overset{\cdot\cdot}{\underset{\cdot\cdot}{O}} : \overset{\cdot\cdot}{\underset{\cdot\cdot}{O}} : H$$

問6　H$_2$S は水溶性で空気より重いため，下方置換で捕集します。

同様の気体には次のようなものがあります(→ p.98)。

HCl，Cl$_2$，CO$_2$，NO$_2$，SO$_2$

また，有色の気体には次のようなものがあります(→ p.100)。

Cl$_2$(黄緑)，NO$_2$(赤褐)，O$_3$(淡青)

両方にあてはまるのは Cl$_2$(反応1)と NO$_2$(反応4)です。

問7 ア…HF は分子間に結合力の強い水素結合を形成するため沸点は高いです。

イ…水素結合により H$^+$ が電離しにくいため弱酸です。→正

ウ…水素と爆発的に反応するのは単体 F$_2$ です。

エ…ハロゲン化銀のうち，AgF は沈殿しません。

オ…ガラス SiO$_2$ と反応します。→正

(すべて 17 族→ p.264で扱います。)

▶ 解答　問1　$Ca(ClO)_2 \cdot 2H_2O + 4HCl \longrightarrow CaCl_2 + 4H_2O + 2Cl_2$

問2　(a)…イ　(b)…ウ　　問3　$NH_3 + 2O_2 \longrightarrow HNO_3 + H_2O$

問4　エ　　問5　$H : \overset{\cdot\cdot}{\underset{\cdot\cdot}{O}} : \overset{\cdot\cdot}{\underset{\cdot\cdot}{O}} : H$　　問6　Cl$_2$，NO$_2$　　問7　イ，オ

この問題の「だいじ」

・「何反応を利用して気体をつくるか」を考えることができる。

・気体の性質が頭に入っている。

02

次の文章を読み, 問 1 ～問 4 に答えよ。

金 Au, 銀 Ag, および銅 Cu は, 周期表の 11 族に属する金属元素である。
Au の単体は化学的に安定で反応性に乏しく, 古くから装飾品として利用されて
きた。Ag の単体も装飾品として利用されるが, 湿った空気中では①硫化水素
H_2S と反応し, 硫化銀 Ag_2S を生じる。Cu の単体は, 銅鉱石から得られる②粗銅
の電解精錬で製造する。銀(Ⅰ)イオン Ag^+ と銅(Ⅱ)イオン Cu^{2+} は, 塩化物イ
オン Cl^- による塩化銀 AgCl の沈殿生成を利用して分離できる。③AgCl は, 光が
当たると分解して Ag を析出する性質をもつ。

問 1 Au, Ag, および Cu に関する次のア～オの文章のうち, 誤りを含むもの
をすべて選べ。

　ア　Au は典型元素である。

　イ　Ag の単体と Cu の単体は王水に溶けない。

　ウ　Ag 原子の原子半径は, Cu 原子の原子半径よりも大きい。

　エ　Au の単体の展性は, Ag の単体の展性よりも大きい。

　オ　Au の原子番号は, Ag の原子番号よりも 18 大きい。

問 2 下線部①の物質は, 金属イオンの系統分析に利用される。4 種類の金属
イオン Cu^{2+}, Ba^{2+}, Fe^{3+}, Mn^{2+} を含む水溶液(試料溶液)に対して, 次
の操作 1 ～ 3 を順に行った。ただし, 各操作における試薬の量や加熱条
件は, 系統分析に最適な条件に調整されているとする。

　操作 1：試料溶液に希塩酸を加えて酸性とした後, H_2S を通じ, 生じた沈
殿 A をろ過した。

　操作 2：操作 1 のろ液を煮沸して H_2S を追い出し, 硝酸 HNO_3 を加えて
加熱した。この溶液に塩化アンモニウム NH_4Cl とアンモニア NH_3 水を
加えて弱塩基性にした後, 生じた沈殿 B をろ過した。

　操作 3：操作 2 のろ液に H_2S を通じ, 生じた沈殿 C をろ過した。

(1) 沈殿 A ～ C の主成分を化学式で記せ。

(2) 操作 2 における HNO_3 の役割を 20 字以内で答えよ。

(3) 操作 2 の NH_4Cl は, 溶液を弱塩基性に保つために添加されている。
NH_4Cl と NH_3 の混合水溶液のように, 少量の酸や塩基を加えても pH が
ほぼ一定に保たれる溶液を何とよぶか答えよ。

(4) 操作3の後に得られたろ液の炎色反応の色を，以下から選んで答えよ。

　　黄　　赤紫　　橙赤　　黄緑　　無色

問3　下線部②について，次の文章中の空欄 (a) ～ (d) にあてはまる最も適切な語句または数値を記せ。ただし，空欄 (a) ～ (c) に入る語句は下の の中から選択せよ。同じ語句を2回以上用いてはならない。 (d) の数値は有効数字1桁で求めよ。なお，原子量は Ni = 59，Cu = 64 とし，ファラデー定数を 9.6×10^4 C/mol とする。

　　ニッケル Ni と Au のみを不純物として含む粗銅板がある。粗銅板における不純物の分布は均一であるとする。硫酸銅($\rm II$)$CuSO_4$ の硫酸酸性溶液に，粗銅板と純銅板を入れ，0.2 ～ 0.5 V の低電圧で電気分解を行った。このとき，外部電源の (a) 極に粗銅板を接続し， (b) 極に純銅板を接続した。100 A の電流で320分間電気分解したところ，粗銅板の質量が640 g 減少し，粗銅板の下に Au が1g沈殿した。また，この電気分解の間，電極での気体の発生はなかった。Au が沈殿した理由は，Au のイオン化傾向が Cu よりも (c) いためである。粗銅板の質量に対する Ni の質量の割合は (d) 〔%〕と求められる。

┌───────────────────────────────┐
│ 　陽　　陰　　正　　負　　大き　　小さ 　│
└───────────────────────────────┘

問4　下線部③は，AgCl が光エネルギーを吸収することで起こる化学反応である。光が関与する次のア～オの現象のうち，物質が光エネルギーを吸収して起こる化学反応をすべて選べ。

　ア　デンプンのコロイド溶液に強い光を当てると，光の通路が輝いて見える。

　イ　水素 H_2 と塩素 Cl_2 の混合溶液に強い光を当てると，刺激臭のある気体が発生する。

　ウ　太陽光をプリズムに通すと，様々な色の光に分かれる。

　エ　ルミノールを溶かした塩基性の水溶液に，過酸化水素水と触媒を加えると，青い光を発する。

　オ　酸素 O_2 に紫外線を当てると，特異臭のある淡青色の気体が発生する。

〔名古屋大〕

問1 ア…周期表の3〜11族は遷移元素です。リード文にAu, Ag, Cuが11族であることは与えられていますが, 代表的な元素なので知っておきましょう。→誤

イ…王水にはAgやCuだけでなく, AuやPtなど多くの金属が溶解します。→誤

ウ…Cuは第4周期, Agは第5周期なので, 原子半径はAgの方が大きいです。

エ…Auは延性・展性が一番大きい金属です。

オ…Auは第6周期なので元素の数が18ではありません。→誤

問2(1) 操作1から順に確認していきましょう。

操作1 酸性条件下で硫化物沈殿をつくるのはイオン化傾向Sn以下の金属イオンであるため, Cu^{2+} が沈殿A$\underline{CuS}$となり沈殿します。

操作2 緩衝溶液($NH_3 + NH_4Cl$)を用いて沈殿しやすいAl^{3+}やFe^{3+}を沈殿させる操作です(→ p.124)。よって沈殿B$\underline{Fe(OH)_3}$が沈殿します(塩基性にすると「アルカリ金属」「アルカリ土類金属」以外が沈殿しますが, この緩衝溶液は非常に弱い塩基性に設定されており, OH^- が少ないので, 比較的溶解度の大きい$Mn(OH)_2$は沈殿しないため, Fe^{3+}のみが沈殿すると判断することもできます)。

操作3 塩基性条件下で硫化物沈殿をつくるのはイオン化傾向Zn以下のイオンです。よって沈殿C$\underline{MnS}$が沈殿します(アルカリ土類金属のイオンは硫化物沈殿をつくらないので, 消去法でMnSを選んでもよいでしょう)。

(2) 操作1でH_2S(還元剤Ⓡ)により,

Fe^{3+} が Fe^{2+} に変化したため, HNO_3(酸化剤Ⓞ)を用いて Fe^{3+} に戻しています(→ p.123)。

(3) 「弱酸A+Aの塩の水溶液」や「弱塩基B+Bの塩の水溶液」は少量の酸や塩基の水溶液を加えても pH がほぼ一定に保たれます。このような水溶液を$\underline{緩衝溶液(緩衝液)}$といいます。

(4) バリウムの炎色反応の色は$\underline{黄緑色}$です。

問3 銅の単体は, 外部電源の(a)$\underline{正極}$に粗銅板, (b)$\underline{負極}$に純銅板を接続して電解精錬によって得られます。各電極の反応は次のようになります。

[陽極(粗銅)]

$Cu \longrightarrow Cu^{2+} + 2e^-$

$Ni \longrightarrow Ni^{2+} + 2e^-$

$Au \longrightarrow 陽極泥$

(イオン化傾向がCuより(c)$\underline{小さい}$)

[陰極(純銅)]

$Cu^{2+} + 2e^- \longrightarrow Cu$

また, 流れた e^- の物質量は,

$$\frac{100 \times 320 \times 60}{9.6 \times 10^4} = 20 \text{ mol}$$

となります。

陽極で溶解したCuをx[mol], Niをy[mol]とすると, 次のようになります。

e^- について　$2x + 2y = 20$　…①

質量について　$64x + 59y = 640 - 1$　…②

①, ②より, $x = 9.8$ mol, $y = 0.20$ mol

以上より, 粗銅に含まれるNiの質量の割合は,

$$\frac{0.20 \times 59}{640} \times 100 = 1.8 \quad \rightarrow (d)\underline{2}\%$$

問4 ア…コロイド粒子が光を散乱させることで起こり, チンダル現象とよばれま

す。

イ…ハロゲンの単体の反応で光のエネルギーを吸収して進行します。

ウ…光を波長成分に分けており，分光といわれます。

エ…光を放出しています。

オ…光（紫外線）のエネルギーを吸収して反応が進行します。

以上のように，光エネルギーを吸収するのは，光を当てると反応が進行するときです。

▶ 解答　問1　ア，イ，オ

問2　(1)　A…CuS　　B…Fe(OH)$_3$　　C…MnS

(2)　Fe^{2+} を酸化して Fe^{3+} に戻す。

(3)　緩衝溶液（緩衝液）

(4)　黄緑

問3　(a)…正　　(b)…負　　(c)…小さ　　(d)…2

問4　イ，オ

この問題の「だいじ」

・沈殿や錯イオンの組み合わせを頭に入れ，系統分析の操作を理解している。

・銅の電解精錬を理解している。

03

次の文章を読み，問1〜問4に答えよ。

　化合物ア〜キはいずれも異なる化合物であり，正塩もしくは酸性塩で，複塩ではない。また，以下の2つの元素群に示す元素をそれぞれ含み，元素群1からは1種類ずつ，元素群2からは1種類あるいは複数種類を組み合わせた組成式をもつ。化合物ウ以外は結晶水を含まない。

　室温において， (a) 〜 (d) はいずれも異なる気体分子であり，元素群2に示す元素のうち1種類あるいは複数種類を組み合わせた化学式をもつ。

〈元素群1〉 Li　Na　Mg　Ca　Mn　Cu　Zn　Ag　Pb
〈元素群2〉 H　C　N　O　S　Cl

　化合物アの水溶液に硝酸銀水溶液を加えると白色沈殿として化合物イが生成した。化合物イはアンモニア水を過剰に加えると溶解した。洗浄した白金線の先端を化合物アの水溶液に浸したのち，バーナーの炎で加熱すると炎色反応がみられ，炎は橙赤色を示した。また，化合物アは，二水和物である化合物ウに (a) の水溶液を加えることにより生成した。このとき，1 mol の化合物ウに対して 4 mol の (a) が反応し，1 mol の化合物アと 2 mol の (b) が発生した。

　化合物イと同じ金属イオンをもつ化合物エを，単体金属を濃硫酸中で加熱することにより得た。この化合物エの生成過程には， (c) が発生した。化合物エの水溶液に化合物アの水溶液を過剰に加えると，①白色沈殿が生じた。化合物エの水溶液に化合物オを加えても白色沈殿は生成した。化合物オの炎色反応の色は黄色であった。また，化合物オの固体に濃硫酸を加えて穏やかに加熱すると (a) が発生し，化合物カが主生成物として得られた。

　化合物アの水溶液に (d) を通じると，酸性・塩基性いずれの条件下においても沈殿は得られなかった。一方，化合物キの水溶液に (d) を通じると，②酸性条件下では沈殿は生成しないが，塩基性条件下では淡桃色の沈殿が生成した。

　化合物キは化合物アの陽イオンと同周期に属する金属のイオンを含む。この金属の酸化物は乾電池の正極活物質として使われており， (a) の水溶液と反応し， (b) の発生とともに化合物キを生成する。また， (d) の水溶液は弱酸性を示し， (c) に対して還元剤として作用する。

問1　化合物ア〜キの組成式をそれぞれ記せ。

問2　空欄 (a) 〜 (d) にあてはまる気体の名称をそれぞれ記せ。

問3　下線部①に含まれるすべての化合物を組成式で記せ。

問4　下線部②の現象が起こる理由を100字以内で記述せよ。

［防衛医科大］

▶ 解説　　　　　　　　　　　　　　▶▶▶ 動画もCHECK

2-03

問1〜問3　リード文を読んで与えられた情報をまとめてみましょう。

・化合物ア aq ＋ AgNO₃aq
　　　　　　　　⟶ 化合物イ（白↓）

NO_3^- は沈殿をつくらないため，ここで生じる化合物イは Ag の化合物で白色の問1ィ$AgCl$ と考えられ，化合物アには Cl が含まれることがわかります。

・化合物イは過剰 NH₃aq に溶解

過剰 NH₃aq に溶解したことから，化合物イは AgCl と裏づけられます。

・化合物ア aq は炎色反応橙赤色

炎色反応で橙赤色を示すのは Ca なので，先の情報（化合物アには Cl が含まれる）とあわせると，化合物アは問1ァ$CaCl_2$ と決定できます。

・化合物ウ（二水和物）＋ (a) aq
　　　　　　　　　⟶ 化合物ア

化合物ア（$CaCl_2$）は Ca 化合物なので，化合物ウは Ca 化合物の二水和物と考えられ，Cl_2 の製法で登場する高度さらし粉問1ゥ$Ca(ClO)_2 \cdot 2H_2O$ と判断できます。

高度さらし粉を使用する塩素の製法は，

$Ca(ClO)_2 + 2H_2O + 4HCl$
　　　　　⟶ $CaCl_2 + 4H_2O + 2Cl_2$

上の化学反応式は「1 mol の化合物ウに対して 4 mol の (a) が反応し，1 mol の化合物アと 2 mol の (b) が発生した」という

記述と一致し，(a)は問2(a)HCl，(b)は問2(b)Cl_2 と決定できます。

・金属単体 ＋ 濃硫酸
　　⟶ 化合物エ（化合物イと同じ Ag^+ 含む）

金属単体（Ⓡ）と濃硫酸（Ⓞ）の酸化還元反応で，問2(c)SO_2 の製法です。

化合物エは Ag^+ を含むことから，Ag と濃硫酸の反応であり，問1ェAg_2SO_4 と決定できます。

$2Ag + 2H_2SO_4$
　　　　　⟶ $Ag_2SO_4 + SO_2 + 2H_2O$

・化合物エ aq ＋ 化合物ア aq ⟶ 白↓

化合物エは Ag_2SO_4，化合物アは $CaCl_2$ であるため，問3$AgCl$ と問3$CaSO_4$ の白色沈殿が生じます。

$Ag_2SO_4 + CaCl_2$
　　　　　⟶ $2AgCl \downarrow + CaSO_4 \downarrow$

・化合物エ aq ＋ 化合物オ ⟶ 白↓

化合物エ（Ag_2SO_4）に化合物オを加えると白色沈殿を生じたことから，化合物アと同様，化合物オにも Cl が含まれていると予想できます。

（化合物オにアルカリ土類金属が含まれており，白色沈殿がアルカリ土類金属の硫酸塩と予想することもできます。）

・化合物オは炎色反応黄色

炎色反応が黄色であったことから，化合物オには Na が含まれています。先の情報

（化合物オは Cl 含む）とあわせて，化合物オは$_{問1オ}$<u>NaCl</u> と決定できます。

・化合物オ ＋ 濃硫酸

　　　　　$\longrightarrow$ 　a　＋ 化合物カ

化合物オ（NaCl）に濃硫酸を加えて加熱すると揮発性の酸遊離反応により HCl（(a)）が発生します。

$$NaCl + H_2SO_4 \longrightarrow NaHSO_4 + HCl$$

よって，化合物カは$_{問1カ}$<u>NaHSO$_4$</u> と決定できます。

・化合物ア aq ＋ 　d　 $\longrightarrow$ 沈殿生成なし

「酸性・塩基性のいずれの条件下においても沈殿は得られなかった」との記述から，条件で沈殿生成の有無が決まるのは硫化物沈殿で，(d)は$_{問2(d)}$<u>H$_2$S</u> と考えられます。

・化合物キ aq ＋ 　d　

　　　　　$\longrightarrow$ 塩基性下で淡桃↓

H$_2$S を通じると酸性条件下では沈殿せず，塩基性下で淡桃色の沈殿が生じたことから，化合物キには Mn が含まれており，沈殿は MnS と考えられます。

（そのあとの記述「化合物アの陽イオンと同周期に属する金属のイオンを含む」「こ

の金属の酸化物は乾電池の正極活物質（MnO$_2$）」で裏づけることができます。）

・MnO$_2$ ＋ 　a　aq $\longrightarrow$ 　b　 ＋ 化合物キ

MnO$_2$ と HCl（(a)）の反応は Cl$_2$（(b)）の製法です。

$$MnO_2 + 4HCl \longrightarrow MnCl_2 + 2H_2O + Cl_2$$

よって，化合物キは$_{問1キ}$<u>MnCl$_2$</u> と決定できます。

（最後の記述にある「　d　の水溶液は弱酸性を示し，　c　に対して還元剤として作用する」は，(d)が H$_2$S，(c)が SO$_2$ とわかっているため確認程度でよいでしょう。）

問4　酸性条件下（H$^+$ の濃度が高い）では H$_2$S の電離平衡が左に移動する（電離が抑制される）ため，S^{2-} の濃度が小さくなります。

$$H_2S \ \underset{\text{左に移動}}{\rightleftharpoons} \ 2H^+ + \underset{\text{減少}}{S^{2-}}$$

Mn は比較的イオン化傾向が大きく沈殿しにくいため，酸性条件下での S^{2-} の濃度では溶解度積に達しないため沈殿しません（→ p.58）。

▶ 解答　問1　ア…CaCl$_2$　　イ…AgCl　　ウ…Ca(ClO)$_2$·2H$_2$O　　エ…Ag$_2$SO$_4$
　　　　　　　　オ…NaCl　　カ…NaHSO$_4$　　キ…MnCl$_2$

　　　　問2　(a)…塩化水素　(b)…塩素　(c)…二酸化硫黄　(d)…硫化水素

　　　　問3　AgCl，CaSO$_4$

　　　　問4　酸性条件下では，硫化水素の電離平衡は電離が抑制される方向に移動するため，硫化物イオンの濃度が小さい。マンガンは比較的イオン化傾向が大きく，酸性条件下での硫化物イオンの濃度では沈殿しないため。

この問題の「だいじ」
・気体の製法や沈殿生成反応などがクリアできており，問題文に従って総合的に対応できる。

第 **3** 章

金属元素

11講 1族（アルカリ金属）

講義テーマ！

アルカリ金属の単体や化合物の性質を確認しましょう。

1 単体

1 アルカリ金属の単体の性質

重要TOPIC 01

単体のおもな性質

- 融点が低く，やわらかい 説明①
- 軽金属（密度 4 g/cm^3 以下） 説明②
- 還元力が強い（空気中の酸素や水と反応） 説明③
- 炎色反応陽性 説明④

水素Hを除く1族を**アルカリ金属**といいます。

金属の単体の基本的な性質は8講で学んでいるので，ここではアルカリ金属の単体特有の性質を確認していきましょう。

説明①

[1] アルカリ金属の単体の性質

融点が低く，やわらかい

アルカリ金属は他の金属に比べて金属結合が弱いため，融点が低く，やわらかいという特徴をもちます。金属結合が弱い理由は，次の2点です。

理由1…自由電子が少ない。

金属結合とは，金属の陽イオンと自由電子による結合ですね。

アルカリ金属は最外殻電子が1個なので，電子を1つ放出して1価の陽イオンになります。すなわち，他の金属に比べて自由電子の数が少ないため，金属結合が弱いのです。

$$Li \longrightarrow Li^+ + 1e^-$$

理由2…原子半径が大きい。

アルカリ金属は，同じ周期の他の金属に比べて原子半径が大きいため，陽イオンと自由電子の間の引力が弱くなります。

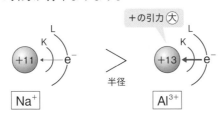

また，融点は原子番号の大きいものほど低くなります。その理由は，原子番号が大きいほど原子半径が大きくなり，単位体積あたりの自由電子の数が少なくなってしまうためです。

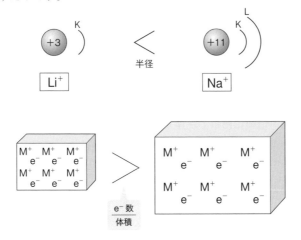

説明②

軽金属

密度が$4\,g/cm^3$以下の金属を**軽金属**といいます。イオン化列では，イオン化傾向がアルミニウム Al 以上の金属が軽金属に相当します。

イオン化列における軽金属と重金属の境界線は頭に入れておきましょう。

イオン化傾向大   小

$$\underset{\text{軽金属}}{\text{Li K Ca Na Mg Al}} \Big| \underset{\text{重金属}}{\text{Zn Fe Ni Sn Pb (H}_2\text{) Cu Hg Ag Pt Au}}$$

また，軽金属なので単体の製法は溶融塩電解になります（→ p.143）。あわせて確認しておきましょう。

説明③

還元力が強い

アルカリ金属は還元力が強いため，空気中の酸素 O_2 や水 H_2O と容易に反応します。よって，石油中で保存します。

例　ナトリウムと O_2 の反応　　　　　　　ナトリウムと H_2O の反応（→ p.111）

$$4Na + O_2 \longrightarrow 2Na_2O \qquad\qquad 2Na + 2H_2O \longrightarrow 2NaOH + H_2$$

説明④

炎色反応陽性

系統分析で，アルカリ金属の特定には炎色反応を利用しました（→ p.125）。

ここでは炎色反応の実験手順を確認し，炎色反応の色を復習しておきましょう。

炎色反応の実験手順

手順1 白金線を塩酸に浸して洗浄する

使用する前から何らかの金属が付着している可能性があるため，それを塩酸で洗います。

手順2 洗浄後の白金線をガスバーナーの外炎に入れる

手順1の白金線に他の金属が残っていないことを確認します。炎色反応が見られなければ，次の手順に進みます。

手順3 白金線を試料溶液に浸し，ガスバーナーの外炎に入れる

試料溶液に炎色反応陽性の金属が含まれていれば，炎の色が変化します。

炎色反応の色	Li	Na	K	Cu	Ca	Sr	Ba
	赤	黄	赤紫	青緑	橙赤	紅	黄緑

2　化合物

① アルカリ金属の化合物の性質

重要TOPIC 02

化合物のおもな性質

・$NaOH$：強塩基性，潮解性 （説明①）

・Na_2CO_3：風解性 （説明②）

　基本的なことは10講までに終わっています。追加で知っておくべき性質や，特に重要な性質を中心に確認していきましょう。

説明①

［1］水酸化ナトリウム $NaOH$

　水酸化ナトリウム $NaOH$ は，工業的に $NaCl$ 水溶液の電気分解（→ p.137）でつくられる無色・半透明の固体で，苛性ソーダともよばれます。

強塩基性

　$NaOH$ は酸・塩基・中和のテーマで頻出の強塩基です。強塩基性であることに関して，次のような内容を頭に入れておきましょう。

・空気中の CO_2 と反応

　空気中に存在する酸性の気体である二酸化炭素 CO_2 と反応し，炭酸ナトリウム Na_2CO_3 に変化します。

$$CO_2 + 2NaOH \longrightarrow Na_2CO_3 + H_2O$$

※ 水溶液の保存方法

　ガラスビンに入れた $NaOH$ 水溶液を使用すると，ビンの口の部分に水溶液が付着します。そのままガラス栓をすると，空気中の CO_2 と反応して Na_2CO_3 の結晶が生成し，栓が抜けにくくなるため，保存にはゴム栓を使用します。

また，酸性酸化物の SiO_2（ガラス）と，常温でもゆっくりと反応が進行します。特にガラスビンの口の「すりガラス」の部分は進行しやすいため，ポリエンチレン容器を利用するのが最も適しています。

・タンパク質の変性が起こる

タンパク質の変性（→有機化学編 p.290）により皮膚や粘膜を激しくおかします。直接触れないように注意しましょう。

潮解性

空気中の水分を吸収し溶けてしまう性質を潮解性といいます。NaOH だけでなく，水酸化カリウム KOH や塩化カルシウム $CaCl_2$ も潮解性をもつ物質です。

NaOH 水溶液を標準溶液として使用できない理由

NaOH 水溶液は中和滴定で頻出の溶液ですが，標準溶液（濃度が正確にわかっている溶液）として用いることはできません。その理由は「潮解性をもつため正しい質量をはかりとることができない」からです。質量を測定している間に空気中の水分を吸収してしまうため，はかりとった NaOH には必ず水の質量が含まれてしまうのです。

よって，NaOH 水溶液を中和滴定に使用するときには，まずシュウ酸 $H_2C_2O_4$ 標準溶液などで NaOH 水溶液の濃度を決定する必要があります。

説明②

[2] 炭酸ナトリウム Na_2CO_3

炭酸ナトリウム Na_2CO_3 は，工業的にアンモニアソーダ法（→ p.131）でつくられ，ガラスの製造や洗剤などに使用されています。

風解性

空気中で結晶水を失う性質を**風解性**といいます。

Na_2CO_3 水溶液を濃縮すると，十水和物の無色の結晶 $Na_2CO_3 \cdot 10H_2O$ が析出します。この結晶を空気中に放置すると，風解性によって結晶水を失い，白色粉末の一水和物 $Na_2CO_3 \cdot H_2O$ に変化します。

$$Na_2CO_3 \cdot 10H_2O \xrightarrow{\text{空気中}} Na_2CO_3 \cdot H_2O + 9H_2O$$

[3] 炭酸水素ナトリウム $NaHCO_3$

炭酸水素ナトリウム $NaHCO_3$ は，加熱により分解反応が進行（→ p.133）し CO_2 が発生するため，ベーキングパウダーや発泡入浴剤に利用されたり，弱酸の塩なので強酸（胃酸）と反応することから医薬品（胃薬）に利用されたりと，生活に密着した物質です。

また，**重曹**ともいわれています。

$$2NaHCO_3 \xrightarrow{\text{加熱}} Na_2CO_3 + CO_2 + H_2O$$

無機化学ではアンモニアソーダ法，理論化学では二段滴定などで登場します。関わる反応の化学反応式はスラスラ書けるようになっておきましょう。

水酸化ナトリウムについての次の記述①～⑤のうちから，誤りを含むものを１つ選びなさい。

① 水酸化ナトリウムは，塩化ナトリウム水溶液の電気分解によってつくられる。

② 銀イオンを含む水溶液に水酸化ナトリウム水溶液を加えると，沈殿を生じ，さらに加えると沈殿は再び溶ける。

③ 水酸化ナトリウム水溶液に塩素を通じると，次亜塩素酸イオンが生じる。

④ 水酸化ナトリウム水溶液に二酸化炭素を吸収させると，炭酸イオンが生じる。

⑤ 濃い水酸化ナトリウム水溶液は，皮膚や粘膜を激しくおかす。

[センター試験]

\Point!/

NaOH は強塩基性！ 潮解性！！

▶ 解説

① NaOH の工業的製法は，NaCl 水溶液の電気分解です（→ p.137）。→正

② 強塩基の NaOH で再溶解する金属は両性金属です（→ p.68）。◄ \Point!/ Ag は両性金属ではないため再溶解はしません。→誤

③ Cl_2 は水中で次のような平衡状態になるため，酸性の気体です（→ p.99）。

$$Cl_2 + H_2O \rightleftharpoons HCl + HClO \quad \cdots(1)$$

よって，塩基である NaOH と中和反応が起こり，NaClO すなわち次亜塩素酸イオン ClO^- が生じます。◄ \Point!/ →正

$$HCl + HClO + 2NaOH \longrightarrow 2H_2O + NaCl + NaClO \quad \cdots(2)$$

ちなみに，全体の反応式は，(1)＋(2)より次のようになります。

$$Cl_2 + 2NaOH \longrightarrow H_2O + NaCl + NaClO$$

④ CO_2 は酸性酸化物（→ p.16）なので NaOH と中和反応を起こし，Na_2CO_3 すなわち CO_3^{2-} が生じます。◄ \Point!/ →正

$$CO_2 + 2NaOH \longrightarrow Na_2CO_3 + H_2O$$

⑤ 強塩基の NaOH 水溶液は皮膚や粘膜をおかすため，直接触れないようにするなど，取り扱いに注意が必要です（→ p.178）。◄ \Point!/

▶ 解答 ②

12講 | 2族（Mg・アルカリ土類金属）

講義テーマ！

Mgとアルカリ土類金属の性質の違いをしっかりと押さえましょう。

1 単体

1 2族の単体の性質

重要TOPIC 01

2族の単体のおもな性質 説明①

・アルカリ金属よりは融点は高く，密度が大きい

・軽金属（密度 4 g/cm³ より小）

　2族の元素はベリリウム Be，マグネシウム Mg とアルカリ土類金属です。

　金属の単体の基本的な性質は8講で学んでいます。また，アルカリ金属同様陽性が強く，似たような性質を示します。

　ここでは，2族として特に意識しておく性質を確認しておきましょう。

説明①

[1] 2族の単体の性質

アルカリ金属に比べて融点が高く，密度も大きい

　2族単体は以下の理由から，アルカリ金属に比べて融点が高く（金属結合が強く），密度も大きくなります。

・アルカリ金属に比べて自由電子の数が多い（最外殻電子2個で2価の陽イオンになる）

・同周期で比べるとアルカリ金属よりも原子半径が小さい

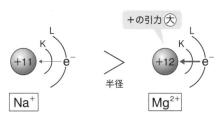

軽金属

アルカリ金属同様，密度が $4\,\mathrm{g/cm^3}$ 以下のため軽金属です。

イオン化傾向もアルミニウム Al 以上に含まれていますね(→ p.108)。

イオン化傾向㋐　　　　　　　　　　　　　　　　　　　　　　　　　　㋑

$$\underbrace{\text{Li K Ca Na Mg Al}}_{\text{軽金属}}\,\bigg|\,\underbrace{\text{Zn Fe Ni Sn Pb (H}_2\text{) Cu Hg Ag Pt Au}}_{\text{重金属}}$$

軽金属なので単体の製法は溶融塩電解になります(→ p.143)。あわせて復習しておきましょう。

② Mg とアルカリ土類金属の性質の違い

重要TOPIC 02

Mg とアルカリ土類金属の性質の違い 説明①

	炎色反応	冷水との反応	水酸化物の水溶性	硫酸塩の水溶性
Be, Mg	陰性	反応しない	溶解しない	溶解する
アルカリ土類金属	陽性	反応する	溶解する	溶解しない

説明①

[１] Mg とアルカリ土類金属の性質の違い

ここでは「Mg とアルカリ土類金属の性質の違い」に注目して確認していきましょう。

炎色反応【Mg：陰性・アルカリ土類金属：陽性】

炎色反応の実験の流れと色を再度確認しておきましょう(→ p.176)。

冷水との反応【Mg：しない・アルカリ土類金属：する】

イオン化傾向で確認しましたね(→ p.111)。冷水と反応するのはイオン化傾向 Li ～ Na です。Mg は沸騰水なら反応します。

水酸化物の水溶性【Mg：不溶・アルカリ土類金属：可溶】

　アルカリ土類金属の水酸化物は水に溶解し，強塩基性を示します。その中で，水酸化カルシウム $Ca(OH)_2$ は比較的溶解度が小さく沈殿しやすいことを頭に入れておきましょう。

　また，アルカリ金属，アルカリ土類金属以外の金属イオンと OH^- は沈殿をつくる組み合わせでしたね（→ p.55）。あわせて確認しておきましょう。

硫酸塩の水溶性【Mg：可溶・アルカリ土類金属：不溶】

　アルカリ土類金属イオンと硫酸イオンは沈殿をつくる組み合わせとしてすでに学んでいますね（→ p.55）。

まとめると次のようになります。

	炎色反応	冷水との反応	水酸化物の水溶性	硫酸塩の水溶性
Be，Mg	陰性	反応しない	溶解しない	溶解する
アルカリ土類金属	陽性	反応する	溶解する	溶解しない

2 化合物

① アルカリ土類金属の化合物の性質

重要TOPIC 03

化合物のおもな性質

- $CaCO_3$ 説明① ：石灰石や大理石の主成分，加熱により CaO に変化
- CaO 説明② ：溶解熱が大きい

  コークス C を加えて強熱すると CaC_2 に変化
- $Ca(OH)_2$ 説明③ ：水に対する溶解度が比較的小さい

  水溶液は石灰水とよばれ CO_2 の検出に利用

  湿らせて Cl_2 を吸収させるとさらし粉が生成
- $CaSO_4$ 説明④ ：天然にはセッコウで存在し，加熱により焼きセッコウへ
- $BaSO_4$ ：X 線検査の造影剤

説明①

[1] 炭酸カルシウム $CaCO_3$

　炭酸カルシウム $CaCO_3$ は，天然に**石灰石**や**大理石**として存在しています。

加熱により酸化カルシウム CaO に変化

　$CaCO_3$ は，加熱により分解反応が進行し，酸化カルシウム CaO に変化します。アンモニアソーダ法(→ p.131)や鉄の工業的製法(→ p.146)で登場しましたね。

$$CaCO_3 \longrightarrow CaO + CO_2$$

説明②

[2] 酸化カルシウム CaO

　酸化カルシウム CaO は生石灰ともよばれます。

溶解熱が大きい

　CaO は溶解熱が大きく，水を加えると多量の熱を発生しながら溶解して

$Ca(OH)_2$ に変化します。アンモニアソーダ法（→ p.131）でも登場しました。

$$CaO + H_2O \longrightarrow Ca(OH)_2$$
XO 型　　　　　　　　　　　　　XOH 型

　XO 型から XOH 型への変化（→ p.15）はさまざまなところで使うので，あわせて復習しておきましょう。

コークス C を加えて強熱すると炭化カルシウム CaC_2 に変化

　CaO にコークスを加えて強熱すると，炭化カルシウム（カルシウムカーバイド）CaC_2 に変化します。高温なので，鉄の製法（→ p.146）同様，CO_2 ではなく CO が発生することに注意が必要です。

$$CaO + 3C \longrightarrow CaC_2 + CO$$

　生成した CaC_2 は，アセチレン C_2H_2 の製法に利用されています（→有機化学編 p.97）。

$$CaC_2 + 2H_2O \longrightarrow Ca(OH)_2 + C_2H_2$$

説明③

[3] 水酸化カルシウム $Ca(OH)_2$
　水酸化カルシウム $Ca(OH)_2$ は消石灰ともよばれます。

水に対する溶解度が比較的小さい
　他のアルカリ土類金属の水酸化物同様，水溶液は強塩基性ですが，水への溶解度が比較的小さいのが特徴です。

水溶液（石灰水）は CO_2 の検出に利用される
　$Ca(OH)_2$ の水溶液は石灰水とよばれ，CO_2 の検出に利用されます（→ p.106）。化学反応式も頻出なので，手を動かして書いておきましょう。

・CO_2 を石灰水に吹き込むと白濁（→(1)），そのまま吹き込み続けると無色に戻る（→(2)）

$$Ca(OH)_2 + CO_2 \longrightarrow CaCO_3 + H_2O \quad \cdots(1)$$
白色沈殿

$$CaCO_3 + CO_2 + H_2O \longrightarrow Ca(HCO_3)_2 \quad \cdots(2)$$
無色

鍾乳洞や鍾乳石ができる理由

石灰水に CO_2 を吹き込むと白濁し，そのまま吹き込み続けると無色に戻りますね。

$$Ca(OH)_2 + CO_2 \longrightarrow CaCO_3\downarrow + H_2O$$
白濁

$$CaCO_3 + CO_2 + H_2O \longrightarrow Ca(HCO_3)_2 \quad \cdots(1)$$
無色

この $Ca(HCO_3)_2$ の水溶液を加熱すると，水中から CO_2 が出ていくため，逆反応が進行し，$CaCO_3$ が沈殿します。

アンモニアソーダ法で確認した $NaHCO_3$ の熱分解と同じです（→ p.133）。

$$Ca(HCO_3)_2 \longrightarrow CaCO_3 + CO_2 + H_2O \quad \cdots(2)$$

これらの反応（(1)，(2)）が石灰岩 $CaCO_3$ 地帯で進行します。

①鍾乳洞ができる理由

地中では微生物が有機物を分解して CO_2 が発生しています。そこに雨が降り，CO_2 を多く含んだ地下水ができます。この地下水と $CaCO_3$ が(1)の反応を起こし，$Ca(HCO_3)_2$ に変化して溶解することで鍾乳洞ができるのです。

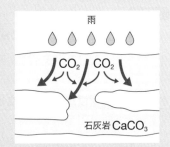

②鍾乳石ができる理由

①で生じた $Ca(HCO_3)_2$ を含む水が石灰岩の割れ目からゆっくり流れ落ちます。このとき，水から CO_2 が出ていくためゆっくりと(2)の反応が進行し，つらら状の $CaCO_3$，すなわち鍾乳石ができます。水滴が落ちて同様のことが起こると石筍ができ，鍾乳石とつながると石柱とよばれます。

湿らせた Ca(OH)₂ に塩素 Cl₂ を吸収させるとさらし粉 CaCl(ClO)·H₂O が生成する

Ca(OH)₂ を湿らせて酸性の気体である塩素 Cl₂ (→ p.264) を吸収させると，中和反応が進行し，さらし粉 CaCl(ClO)·H₂O が生成します。

Cl₂ が H₂O と反応 (→ p.266)

$$Cl_2 + H_2O \rightleftarrows HCl + HClO \qquad \cdots(1)$$

Ca(OH)₂ と中和反応

$$Ca(OH)_2 + HCl + HClO \longrightarrow CaCl(ClO) + 2H_2O \qquad \cdots(2)$$

(1)+(2)より，

$$Ca(OH)_2 + Cl_2 \longrightarrow CaCl(ClO) \cdot H_2O$$

説明④

[4] 硫酸カルシウム CaSO₄

硫酸カルシウム CaSO₄ は天然に二水和物 CaSO₄·2H₂O で存在し，セッコウとよばれています。

セッコウを120〜140℃で加熱すると水和水の一部を失い，焼きセッコウとよばれる半水和物 $CaSO_4 \cdot \frac{1}{2}H_2O$ に変化します。

$$CaSO_4 \cdot 2H_2O \xrightarrow{\text{熱}} CaSO_4 \cdot \frac{1}{2}H_2O + \frac{3}{2}H_2O$$

また，焼きセッコウに水を加えて練り，しばらく放置するとセッコウに戻ります。

$$CaSO_4 \cdot \frac{1}{2}H_2O + \frac{3}{2}H_2O \longrightarrow CaSO_4 \cdot 2H_2O$$

これを利用し，焼きセッコウは医療用ギプスなどに利用されています。

Q&A

Q 21. 身の回りのどんなものに利用されているかは，どうやって勉強すればいいの？

A 21. 資料集などに，身の回りでどんなものに利用されているか，族ごとに写真つきで載っています。無機化学を勉強するときには，資料集を一緒に開いておくとよいですね。

　カルシウムとマグネシウムはいずれも 2 族に属する元素であるが，性質が異なる点が多い。次の A〜E の記述は，下の①〜④のどれに該当するか，1 つずつ選び，その番号を記しなさい。

A　炎色反応を示す。

B　単体は，その元素のイオンを含む水溶液を電気分解することで得られる。

C　水酸化物は水に少し溶けて，強い塩基性を示す。

D　塩化物は潮解性がある。

E　硫酸塩は水によく溶ける。

　①　マグネシウムとカルシウムの両方にあてはまる。

　②　マグネシウムにのみあてはまる。

　③　カルシウムにのみあてはまる。

　④　マグネシウムにもカルシウムにもあてはまらない。

[群馬大]

\Point!/

Mg とアルカリ土類金属の違いを 1 つずつ思い出してみよう！

▶解説

Mg とアルカリ土類金属の違いは次のようになります。　◀ \Point!/

	炎色反応	冷水との反応	水酸化物の水溶性	硫酸塩の水溶性
Be，Mg	陰性	反応しない	溶解しない	溶解する
アルカリ土類金属	陽性	反応する	溶解する	溶解しない

では，順に見ていきましょう。

A　炎色反応を示すのは Ca のみです。

B　Mg も Ca も軽金属なので，製法は水溶液の電気分解ではなく溶融塩電解です（→ p.182）。

C　強塩基性を示す水酸化物は $Ca(OH)_2$ のみです。

D　どちらの塩化物も潮解性を示します。

E　水に溶ける硫酸塩は $MgSO_4$ のみです。

▶解答　A…③　　B…④　　C…③　　D…①　　E…②

13講 | アルミニウム（両性金属）

講義ポイント！

アルミニウムの単体や化合物の性質，両性金属のまとめを確認しましょう。

1 単体

1 アルミニウムの単体の性質

重要TOPIC 01

> **アルミニウムの単体のおもな性質** 説明①
>
> ・軽金属（密度 4 g/cm³以下）
> ・延性・展性，電気伝導性，熱伝導性に優れる
> ・ジュラルミン（合金）
> ・空気中で酸化被膜を形成
> ・燃焼時に多量の熱と光を発生
> ・テルミット反応

説明①

　13族のアルミニウム Al は最外殻電子を 3 つもち，3 価の陽イオンになりやすい元素です。

　地殻中に含まれる金属としては最多で，全体では酸素，ケイ素に次ぎ第 3 位です（→クラーク数 p.141）。

　単体の基本的な性質や製法は 8 講，10 講で学んでいます。

例　酸とも強塩基とも反応して H_2 が発生する（→ p.117）。
　　高温水蒸気と反応して H_2 が発生する（→ p.112）。

　ここでは，アルミニウム特有の性質や，再度確認しておくべき性質を中心に見ていきましょう。

軽金属

　イオン化傾向がアルミニウム Al 以上のものは軽金属（密度が $4\,g/cm^3$ 以下）でしたね（→ p.175）。よって，アルカリ金属，アルカリ土類金属同様，Al も軽金属です。

　軽金属なので，単体の製法は溶融塩電解になります（→ p.143）。あわせて復習しておきましょう。

延性・展性，電気伝導性，熱伝導性に優れる

　Al は延性・展性，電気伝導性，熱伝導性に優れた金属です。電気伝導性・熱伝導性の大きい金属第 4 位として知っておきましょう。

```
電気伝導性・熱伝導性の大きい金属

   Ag      >      Cu      >      Au      >      Al
  第1位          家電のコード      ICチップの配線      工業用コイル
```

ジュラルミン（合金）をつくる

　強度を増すなどの目的で，金属に他の金属や非金属を混ぜたものを**合金**といいます。その中で Al を主成分として Cu，Mg，Mn などを含む合金はジュラルミンとよばれ，軽くて丈夫であるため，航空機の機体などに利用されています。

代表的な合金

代表的な合金には次のようなものがあります。

合金	含まれるおもな金属	おもな用途
ジュラルミン	Al, Cu, Mg, Mn	航空機機体・自動車材料
黄銅	Cu, Zn	機械部品・コンセント
青銅	Cu, Sn	十円玉・銅像
白銅	Cu, Ni	百円玉・熱交換器管
ステンレス鋼	Fe, Cr, Ni	キッチン・建築材料
アマルガム	Hg, その他さまざまな金属	以前は歯の充塡材

空気中で酸化被膜を形成

Alは空気中に放置すると，表面に非常に緻密な酸化被膜 Al_2O_3 を形成するため，イオン化傾向が大きく酸化されやすいにもかかわらず，内部の Al は腐食されません。この被膜を人工的に分厚くつけた Al の製品を**アルマイト**といいます。

燃焼時に多量の熱と光を発生

Al は金属の中で燃焼熱が比較的大きい（837kJ/mol）ため，燃焼時に多量の熱や光を発生します。

テルミット反応

Al は還元力が強いため，酸化鉄(Ⅲ) Fe_2O_3 と混合して点火すると，単体の Fe を取り出すことができます。Al と Fe_2O_3 の混合物を**テルミット**，この反応を**テルミット反応**といいます。

$$2Al + Fe_2O_3 \longrightarrow Al_2O_3 + 2Fe$$

2 化合物

① アルミニウムの化合物の性質

重要TOPIC 02

アルミニウムの化合物のおもな性質

- Al_2O_3 説明① ：酸とも強塩基とも反応して溶解
- $Al(OH)_3$ 説明② ：酸とも強塩基とも反応して溶解
- $AlK(SO_4)_2 \cdot 12H_2O$ 説明③ ：複塩，水溶液は弱酸性

アルミニウム Al は両性金属なので，単体だけでなく，酸化物（両性酸化物），水酸化物（両性水酸化物）も，酸とも強塩基とも反応して溶解します。それらの化学反応式は XO 型（→ p.15），XOH 型（→ p.9）ですでに学んでいます。すべて頻出の反応式なので，しっかり復習しておきましょう。

説明①

[1] 酸化アルミニウム Al_2O_3

ボーキサイトの主成分で，バイヤー法で取り出すことができる水に不溶の白色粉末です（→ p.143）。

融点が非常に高いため，ホール・エルー法では融点降下剤として氷晶石 Na_3AlF_6 を利用します（→ p.143）。

酸 H^+ との反応

XO 型なので，形式的に H_2O を加えて XO 型の Al_2O_3 を XOH 型の $Al(OH)_3$ にします。

$$Al_2O_3 + 3H_2O \longrightarrow$$
$$2Al(OH)_3$$

OH^- が6つなので、H^+ を6つ加えます。

$$Al_2O_3 + 3H_2O + 6H^+ \longrightarrow$$
$$2Al(OH)_3$$

H_2O が 6 つ生じるので，右辺に「$6H_2O$」と残りのイオン「$2Al^{3+}$」を書きます。

$$Al_2O_3 + 3H_2O + 6H^+ \longrightarrow 2Al^{3+} + 6H_2O$$
$$2Al(OH)_3$$

両辺で $3H_2O$ を相殺してできあがりです。

$$Al_2O_3 + 6H^+ \longrightarrow 2Al^{3+} + 3H_2O$$

例えば，使用した酸が塩酸なら，両辺に $6Cl^-$ を加えて反応式を仕上げましょう。

$$Al_2O_3 + 6HCl \longrightarrow 2AlCl_3 + 3H_2O$$

塩基 OH^- との反応

酸 H^+ との反応同様，形式的に H_2O を加えて XO 型の Al_2O_3 を XOH 型の $Al(OH)_3$ にします。

また，強塩基と反応すると錯イオンに変化するため，右辺に$[Al(OH)_4]^-$ を書いて，両辺の Al 数を 2 に揃えましょう。

$$Al_2O_3 + 3H_2O + OH^- \longrightarrow 2[Al(OH)_4]^-$$
$$2Al(OH)_3$$

最後に，OH^- の数を両辺で揃えるように，左辺の OH^- の係数を 2 にします。

$$Al_2O_3 + 3H_2O + 2OH^- \longrightarrow 2[Al(OH)_4]^-$$
$$2Al(OH)_3$$

酸 H^+ との反応とは違い，両辺で H_2O の相殺はないため，形式的に加えた H_2O をそのまま残してできあがりです。

$$Al_2O_3 + 3H_2O + 2OH^- \longrightarrow 2[Al(OH)_4]^-$$

例えば，使用した強塩基が水酸化ナトリウムなら，両辺に$2Na^+$ を加えて反応式を仕上げましょう。

$$Al_2O_3 + 3H_2O + 2NaOH \longrightarrow 2Na[Al(OH)_4]$$

[2] **水酸化アルミニウム Al(OH)$_3$**

白色ゲル状の物質です。アルミニウムイオン Al^{3+} を含む水溶液に塩基(アンモニアや少量の強塩基)を加えると生じます。NH$_3$ との反応式は，Fe^{3+} に NH$_3$aq を加える反応式(→ p.62の③)と同じつくり方です。手を動かして書いてみましょう。

アンモニアのとき　　　　$Al^{3+} + 3NH_3 + 3H_2O \longrightarrow Al(OH)_3 + 3NH_4^+$

少量の強塩基のとき　　　$Al^{3+} + 3OH^- \longrightarrow Al(OH)_3$

酸 H$^+$ との反応

H$^+$ と OH$^-$ が見えている状態の中和反応の反応式です。通常どおりに書いてみましょう。

$Al(OH)_3 + 3H^+ \longrightarrow Al^{3+} + 3H_2O$

例えば，酸が塩酸だったときには，両辺に Cl$^-$ を加えて仕上げましょう。

$Al(OH)_3 + 3HCl \longrightarrow AlCl_3 + 3H_2O$

強塩基 OH$^-$ との反応

強塩基 OH$^-$ と反応すると錯イオンに変化するため，右辺に [Al(OH)$_4$]$^-$ を書くと，そのままの係数でできあがります。

$Al(OH)_3 + OH^- \longrightarrow [Al(OH)_4]^-$

例えば，使用した強塩基が水酸化ナトリウムであれば，両辺に Na$^+$ を加えて仕上げましょう。

$Al(OH)_3 + NaOH \longrightarrow Na[Al(OH)_4]$

両性金属のまとめ

ここまでで確認したとおり，両性金属は単体・酸化物・水酸化物のいずれも「酸とも強塩基とも反応」して溶けます。

酸と反応 → 金属イオン M^{n+} に変化

強塩基と反応 → 錯イオン [M(OH)$_4$]$^{m\pm}$ に変化

そして，単体の場合には，酸と反応しても強塩基と反応しても H$_2$ が発生することを意識しておきましょう。

説明③

［3］ミョウバン AlK(SO$_4$)$_2$・12H$_2$O

ミョウバン AlK(SO$_4$)$_2$・12H$_2$O は,無色透明で正八面体の結晶です。

硫酸アルミニウム Al$_2$(SO$_4$)$_3$ と硫酸カリウム K$_2$SO$_4$ の混合水溶液を濃縮すると得られます。このように,複数の塩から得られる塩を**複塩**といいます。

$$\underset{\text{塩}}{Al_2(SO_4)_3} + \underset{\text{塩}}{K_2SO_4} \xrightarrow{\text{濃縮}} \underset{\text{複塩}}{AlK(SO_4)_2 \cdot 12H_2O}$$

次に,ミョウバンの液性を,通常の塩の液性と同様に判断してみましょう。

Al^{3+} → 弱塩基 Al(OH)$_3$ 由来　　⎫
K^+ → 強塩基 KOH 由来　　　　⎬ 全体でやや弱い塩基由来
$SO_4{}^{2-}$ → 強酸 H$_2$SO$_4$ 由来　　⎭

よって,AlK(SO$_4$)$_2$・12H$_2$O の液性は(弱)酸性となります。

塩の液性の判断

塩の液性は加水分解反応(→ p.28)で決まりますが,判断するだけなら,理論化学で学ぶ塩の液性の判断法に従うことができます(一部例外を除く)。

　　強酸＋強塩基由来の正塩 → 中性　(例：NaCl)

　　強酸＋強塩基由来の酸性塩 → 酸性　(例：NaHSO$_4$)

　　強酸＋弱塩基由来の塩 → 酸性　(例：NH$_4$Cl)

　　弱酸＋強塩基由来の塩 → 塩基性　(例：NaHCO$_3$)

あくまでも,判断法は「液性を知る方法」でしかなく,液性の理由を問われたときには,加水分解の説明が必要になります。加水分解もあわせて復習しておきましょう。

13
講

アルミニウム(両性金属)

アルミニウムの単体は，$_a$酸の水溶液に溶けて気体を発生し，強塩基の水溶液にも溶けて同じ気体を発生する。ただし，$_b$濃硝酸に入れると表面に緻密な酸化被膜ができて反応が進まなくなる。

アルミニウムに少量の銅，マグネシウムやマンガンを添加した合金は，[　　]とよばれ，軽くて強度が大きい特長を活かして航空機の機体などに利用されている。

問1 空欄にあてはまる語を書きなさい。

問2 下線部 a のような性質をもつ金属の名称を書きなさい。また，発生する気体の物質名を書きなさい。

問3 下線部 b について，このような状態の名称を書きなさい。 ［新潟大・改］

\Point!/
アルミニウムは両性金属！　どんな性質があったか思い出してみよう！

▶解説

問1 Al に Cu や Mg などを添加した合金はジュラルミンです（→ p.190）。あわせて，その他の合金も確認しておきましょう。

問2 酸とも強塩基とも反応する金属は両性金属です（→ p.117）。◀ \Point!/

単体だけでなく，酸化物や水酸化物も反応します。特に，単体の場合は酸と反応しても強塩基と反応しても水素が発生することは頭に入れておきましょう。また，その反応式を書く練習もしておきましょう。

酸との反応　　　$2Al + 6H^+ \longrightarrow 2Al^{3+} + 3H_2$

強塩基との反応　$2Al + 6H_2O + 2OH^- \longrightarrow 2[Al(OH)_4]^- + 3H_2$

問3 Fe や Ni，Al などは熱濃硫酸や濃硝酸とは反応しません。表面に緻密な酸化被膜をつくった状態，すなわち不動態を形成するためです（→ p.114）。

▶**解答**　**問1　ジュラルミン**　**問2**　金属の名称…**両性金属**　気体…**水素**
　　　問3　不動態

3 その他の両性金属の性質

① 亜鉛の性質

重要TOPIC 03

亜鉛の単体や化合物のおもな性質

・単体 説明①

閃亜鉛鉱をコークスで還元してつくる

電池の電極やめっき，合金などに利用

・化合物 説明②

ZnO：白色顔料や医薬品に利用

説明①

[1] 単体 Zn

単体の基本的な性質は8講で学んでいます。

例　希酸と反応して H_2 が発生する（→ p.113）。

酸とも強塩基とも反応して H_2 が発生する（→ p.117）。

閃亜鉛鉱をコークスで還元してつくる

亜鉛 Zn は天然に閃亜鉛鉱（主成分 ZnS）として存在しています。閃亜鉛鉱をコークス（主成分 C）で還元すると単体を得ることができます。

電池の電極やめっき，合金などに利用

理論化学で学ぶダニエル電池，マンガン乾電池などの電極に利用されています。また，めっき（トタン→ p.205）や合金（黄銅→ p.190）にも利用されています。

説明②

[2] 酸化亜鉛 ZnO

ZnO は，単体の Zn を空気中で加熱すると得られます。絵の具の原料やベビーパウダーなど，白色顔料※や医薬品などに利用される水に不溶の白色粉末です。

※顔料：溶媒に溶けない着色剤（溶媒に溶けるものは染料）

❷ スズの性質

スズの単体や化合物のおもな性質

・単体 説明①

　スズ石をコークスで還元してつくる

　めっきや合金に利用される

・化合物 説明②

　$SnCl_2$：還元剤Ⓡとして利用される

説明①

[1] 単体 Sn

　単体の基本的な性質は 8 講で学んでいます。

例　希酸と反応して H_2 が発生する（→ p.113）。

　　酸とも強塩基とも反応して H_2 が発生する（→ p.117）。

　ここでは，追加で確認しておくべき性質について見ていきましょう。

スズ石をコークスで還元してつくる

　スズ Sn は天然にスズ石（主成分 SnO_2）として存在しています。スズ石をコークス（主成分 C）で還元すると単体を得ることができます。

めっきや合金に利用される

　めっき（ブリキ→ p.205）や合金（青銅→ p.190，はんだ）に利用されています。

説明②

[2] 塩化スズ(Ⅱ) $SnCl_2$

　$SnCl_2$(Sn^{2+})は還元剤Ⓡとしてはたらき，$SnCl_4$(Sn^{4+})に変化します。

例　塩化鉄(Ⅲ) $FeCl_3$ と $SnCl_2$ の反応

　　$2FeCl_3 + SnCl_2 \longrightarrow 2FeCl_2 + SnCl_4$

③ 鉛の性質

重要TOPIC 05

鉛の単体や化合物のおもな性質

・単体 [説明①]

X 電池の電極，X 線の遮蔽材などに利用される

・化合物 [説明②]

PbO₂：電池の電極，酸化剤◎として利用される

[説明①]

[1] 単体 Pb

単体の基本的な性質は 8 講で学んでいます。

例 イオン化傾向は H₂ より大きいが，希硫酸，塩酸とはほとんど反応しない
（→ p.113）。

ここでは，追加で確認しておくべき性質について見ていきましょう。

電池の電極，X 線の遮蔽材などに利用される

理論化学で学ぶ鉛蓄電池の電極だけでなく，X 線を吸収しやすい性質を利用
して X 線の遮蔽材としても利用されています。

[説明②]

[2] 酸化鉛（Ⅳ）PbO₂

PbO₂は酸化剤◎としてはたらき，鉛蓄電池の電極としても利用されています。

例 PbO₂と塩酸 HCl の反応

$$PbO_2 + 4HCl \longrightarrow PbCl_2 + 2H_2O + Cl_2$$

※その他（検出法）

沈殿生成反応を利用して，Pb^{2+} や H_2S の検出に用いられます。

Pb^{2+} の検出 → K_2CrO_4aq を加えると $PbCrO_4$ の黄色沈殿が生じる

H_2S の検出 → 湿らせた酢酸鉛（Ⅱ）$(CH_3COO)_2Pb$ 紙が PbS を生じることに
より黒変する

亜鉛またはアルミニウムのどちらか一方のみにあてはまる記述を，次の①〜④のうちから１つ選びなさい。

① 単体は，水酸化ナトリウム水溶液と希塩酸のどちらにも溶ける。

② 単体を空気中で強熱すると，酸化物が生成する。

③ 単体が高温の水蒸気と反応すると，水素が発生する。

④ 陽イオンを含む水溶液にアンモニア水を加えていくと，白い沈殿が生じるが，さらに加えるとその沈殿が溶ける。

[センター試験]

\Point!/

「両性金属」「イオン化傾向」「沈殿」を思い出してみよう！

▶解説

亜鉛 Zn とアルミニウム Al はともに両性金属です。「どちらか一方のみにあてはまる記述」なので，両性金属の性質ではないものを探してみましょう。また，金属の単体なので，「イオン化傾向（→ p.107）」「金属イオンの沈殿（→ p.55）」で学んだことも思い出してみましょう。

①両性金属の単体は，塩酸や水酸化ナトリウム水溶液などの酸とも強塩基とも反応して，水素を発生しながら溶解します。◀ \Point!/

　よって，どちらにもあてはまります。

②イオン化傾向 Li 〜 Cu は，加熱によりすみやかに酸化されます。◀ \Point!/

　よって，どちらにもあてはまります。

③イオン化傾向 Fe までは高温水蒸気と反応して水素が発生します。◀ \Point!/

　よって，どちらにもあてはまります。

④アンモニア水で再溶解するのは，アンモニアと錯イオンを形成する Zn のみにあてはまります。◀ \Point!/

▶解答 ④

14講 | 遷移元素

講義ポイント！

遷移元素の性質を押さえ，代表的な遷移元素を確認していきましょう。

1 遷移元素

1 遷移元素の特徴と性質

重要TOPIC 01

遷移元素の特徴と性質 説明①

・融点が高く，密度が大きい

・周期表で隣り合う元素どうしの性質が似ている

・複数の酸化数をとるものが多い

・錯イオンをつくりやすい

・有色のイオンや化合物が多い

・触媒としてはたらくものが多い

説明①

遷移元素は周期表の第4周期～第7周期に存在する **3～11族** の元素で，すべて金属元素です。

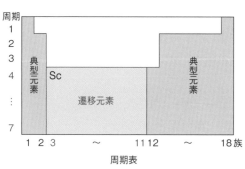

周期表

融点が高く，密度が大きい

遷移元素は最外殻電子だけでなく内殻電子も自由電子になります。よって，自由電子の数が多く金属結合が強いため，融点が高くなります。

また，スカンジウム Sc 以外は重金属(密度 $4 \sim 5\,g/cm^3$ 以上)です。

※遷移元素では，チタン Ti を軽金属に含む場合もあります。

周期表で隣り合う元素どうしの性質が似ている

典型元素は周期表で縦に並ぶ元素どうしの性質が似ているのに対し，遷移元素は隣り合う元素どうしの性質が似ています。

その原因は最外殻電子の数です。典型元素は同族の元素の最外殻電子数が同じであるため，縦に並ぶ元素どうしの性質が似ています。

例 　　　　　　　　　　　電子配置

　フッ素 F （17族）　K^2L^7

　塩素 Cl （17族）　$K^2L^8M^7$

それに対して，遷移元素は最外殻電子数が基本的に 2 (Cr や Cu は 1)で同じため，周期表で隣り合った元素どうしの性質が似ています。

例 　　　　　　　　　　　電子配置

　マンガン Mn （原子番号25）　$K^2L^8M^{13}N^2$

　鉄 Fe （原子番号26）　　　　$K^2L^8M^{14}N^2$

複数の酸化数をとるものが多い

典型金属元素は一定の酸化数をとるものが多いのに対して，遷移元素は複数の酸化数を示すものが多いのが特徴です。典型元素は最外殻電子だけが出入りしますが，遷移元素は内殻電子も出入りするためです。

例 　**典型元素**

　　カルシウム Ca → Ca^{2+} （酸化数 ＋ 2 のみ）

　　フッ素 F → F^- （酸化数 － 1 のみ）

　遷移元素

　　鉄 Fe → Fe^{2+}, Fe^{3+} （酸化数＋2, ＋3）

　　銅 Cu → Cu^+, Cu^{2+} （酸化数＋1, ＋2）

錯イオンをつくりやすい

錯イオンを形成する金属は「3〜12族＋両性金属」でしたね（→p.68）。よって、そのほとんどは遷移元素です。

錯イオンを形成する金属と配位子の組み合わせとあわせて復習しておきましょう。

例 $[Ag(NH_3)_2]^+$, $[Fe(CN)_6]^{3-}$

有色のイオンや化合物が多い

遷移元素のイオン（錯イオン）や化合物には有色のものが多いのが特徴です。

代表的なイオンや化合物の色は1つずつ頭に入れていきましょう。

例 Fe^{3+} 黄褐色, MnO_4^- 赤紫色

触媒としてはたらくものが多い

気体の製法や工業的製法など、登場した触媒を思い出してみましょう。

例 O_2 の製法（MnO_2 触媒）, 接触法（V_2O_5 触媒）

2 代表的な遷移元素とその性質

1 鉄の性質と反応

重要TOPIC 02

鉄の単体や化合物のおもな性質と反応

・単体 説明①

合金をつくる

酸化防止のためめっきする(トタン, ブリキ)

・イオン 説明②

	Fe^{2+}	Fe^{3+}
水溶液の色	淡緑色	黄褐色
$K_4[Fe(CN)_6]$ 水溶液による変化	—	濃青色沈殿
$K_3[Fe(CN)_6]$ 水溶液による変化	濃青色沈殿	—
KSCN 水溶液による変化	—	血赤色溶液

・化合物 説明③

Fe_2O_3：赤さびとよばれる赤褐色の酸化物

Fe_3O_4：黒さびとよばれる黒色で磁性をもつ酸化物

説明①

[1] 単体 Fe

鉄 Fe はクラーク数第4位(→ p.141)の元素で，自然界には赤鉄鉱(主成分 Fe_2O_3)や磁鉄鉱(主成分 Fe_3O_4)として存在しており，それら鉄鉱石を還元することで単体を取り出します(工業的製法→ p.146)。

単体の基本的な性質は8講で学んでいます。

例 高温水蒸気と反応して H_2 が発生する(→ p.112)。

希酸と反応して H_2 が発生する(→ p.113)。

ここでは，追加で確認しておくべき性質について見ていきましょう。

合金をつくる

Fe に Cr や Ni を混合した**ステンレス鋼**とよばれる合金をつくります(合金 → p.190)。酸化されにくい(さびにくい)ため, キッチンや建築材料, 腕時計などさまざまな分野で利用されています。

酸化防止のためめっきする

単体の Fe は, 湿った空気中で酸化されると, 酸化鉄(Ⅲ) Fe_2O_3 に変化します(さびます)。この酸化物は表面に密着しておらず, 内部までどんどん酸化が進行していくため, 内部を保護するために**めっき**を施します。

・トタン

Fe の表面を亜鉛 Zn で覆ったものを**トタン**といいます。

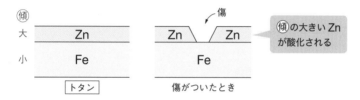

表面に傷がついて Fe がむき出しになっても, Zn の方がイオン化傾向が大きく酸化されやすいため, Zn が残っている間は Fe の酸化が進行しません。

・ブリキ

Fe の表面をスズ Sn で覆ったものを**ブリキ**といいます。

Sn の方が Zn よりイオン化傾向が小さいため, 傷がついていない状態で比べると, トタンより酸化されにくいのが特徴です。

しかし，傷がついて Fe がむき出しになると，Fe より Sn のほうがイオン化傾向が小さいため，Fe の酸化が進んでしまいます。

傷がついたとき

説明②

[2] イオン

Fe のイオンには Fe^{2+} と Fe^{3+} の 2 種類があります。それぞれ，塩基性にすると緑白色の $Fe(OH)_2$，赤褐色の $Fe(OH)_3$ の沈殿になるなど，すでに学んだこともあります($\rightarrow$ p.59)。

ここでは，2 つのイオンの違いに注目しながら，追加で知っておくべき性質を確認していきましょう。

Fe^{2+} は淡緑色，Fe^{3+} は黄褐色

Fe^{2+} は**淡緑色**，Fe^{3+} は**黄褐色**です。

単体 Fe に希酸を加えたときに生じるのは Fe^{2+} です。

$$Fe + 2H^+ \longrightarrow Fe^{2+} + H_2$$

このとき Fe^{3+} が生じないのは，H^+ の酸化力が弱く，Fe^{2+} で止まってしまうためです。

Fe^{2+} は還元剤Ⓡ，Fe^{3+} は酸化剤Ⓞ としてはたらく

Fe^{2+} は還元剤Ⓡ，Fe^{3+} は酸化剤Ⓞ としてはたらきます。

$$Fe^{2+} \rightleftarrows Fe^{3+} + e^-$$

Fe^{2+} は還元剤Ⓡであるため，空気中の O_2 や水中の O_2(溶存酸素)と反応して Fe^{3+} に変化します。

また，Fe^{2+} の水溶液に塩基 OH^- を加えて生じる $Fe(OH)_2$ の沈殿も，時間が経つと溶存酸素によって酸化され，$Fe(OH)_3$ に変化します。

$$4Fe(OH)_2 + O_2 + 2H_2O \longrightarrow 4Fe(OH)_3$$

Fe^{2+} を含む水溶液にヘキサシアニド鉄(III)酸カリウム $K_3[Fe(CN)_6]$ 水溶液を加えると濃青色沈殿を生じる

Fe^{2+} を含む水溶液に $K_3[Fe(CN)_6]$ 水溶液を加えると,濃青色の沈殿(ターンブルブルーとよばれていました)$KFe[Fe(CN)_6]$ を生じます。

$$KFe[Fe(CN)_6]$$

酸化数　+2　+3

この反応は,Fe^{2+} の検出法として利用されています。

Fe^{3+} を含む水溶液にヘキサシアニド鉄(II)酸カリウム $K_4[Fe(CN)_6]$ 水溶液を加えると濃青色沈殿を生じる

Fe^{3+} を含む水溶液に $K_4[Fe(CN)_6]$ 水溶液を加えると,上と同じ濃青色の沈殿(ベルリンブルーとよばれていました)$KFe[Fe(CN)_6]$ を生じます。

この反応は,Fe^{3+} の検出法として利用されています。

Fe^{3+} を含む水溶液にチオシアン酸カリウム KSCN 水溶液を加えると血赤色の溶液になる

Fe^{3+} と配位子 SCN^- は錯イオンをつくる組み合わせですね(→ p.68)。よって,Fe^{3+} を含む水溶液に KSCN 水溶液を加えると,血赤色の錯イオン $[Fe(SCN)_n]^{3-n}$ ($n = 1 \sim 6$)を生じます。

この反応も Fe^{3+} の検出法として利用されています。

説明③

[3] 酸化鉄(III) Fe_2O_3

酸化鉄(III) Fe_2O_3 は,単体の Fe が湿った空気中で酸化されて生じる**赤褐色**の酸化物で,赤さびとよばれます。これを防ぐため,めっきを施します(→ p.205)。

[4] 四酸化三鉄 Fe_3O_4

四酸化三鉄 Fe_3O_4 は,単体の Fe に高温水蒸気を吹きかけたり,バーナーで焼いたりすると生じる**黒色で磁性をもつ**酸化物で,黒さびとよばれます。

$$3Fe + 4H_2O \longrightarrow Fe_3O_4 + 4H_2$$

赤さびと違い,黒さびは Fe の表面に密着するため内部まで酸化が進みません。

次の記述を読み，問1〜問3に答えなさい。

鉄 Fe は①地殻中に多く含まれる元素であり，金属の鉄は比較的安価で機械的強度も大きいため精錬により多量に生産されている。鉄の単体は，空気中において②さびを生じやすい。そこで，鉄の表面を別の金属で覆う③めっきを行うと，さびを防ぐことができる。また鉄にクロムやニッケルを混ぜてさびにくい合金にして用いられることもある。

問1 下線部①について，地殻中に存在する割合（質量パーセント）が鉄よりも高い元素を1つ挙げ，元素記号で記しなさい。

問2 下線部②について，鉄を湿った空気中に放置すると赤さびを生じるが，鉄を空気中で強熱すると黒さびを生じる。黒さびの化学式を記しなさい。

問3 下線部③のめっきのうち，鉄の表面を亜鉛 Zn で覆ったものをトタンという。トタンは表面に傷がついて鉄が露出しても鉄の腐食が進みにくい。この理由を説明しなさい。

[東京都市大]

\Point!/

トタンに傷がついても鉄の腐食が進みにくいのは……イオン化傾向の大小関係を考える!!

▶ 解説

問1 クラーク数の大きい元素は次のような順です（→ p.141）。

$$O > Si > Al > Fe$$

よって，鉄よりも大きい元素は O，Si，Al の3つがあてはまります。

問2 赤さびは酸化鉄（Ⅲ）Fe_2O_3，黒さびは四酸化三鉄 Fe_3O_4 です。

問3 トタンは鉄を亜鉛でめっきしたものです。トタンの表面に傷がついて鉄がむき出しになっても，比べてイオン化傾向の大きい亜鉛が酸化されるため，鉄の酸化を防ぐことができます。◀ \Point!/

鉄をスズでめっきしたブリキについてもあわせて復習しておきましょう（→ p.205）。

▶ 解答　**問1　O，Si，Al のいずれか　　問2　Fe_3O_4**

問3　鉄よりもイオン化傾向の大きい亜鉛が酸化されるため。

2 銅の性質と反応

重要TOPIC 03

銅の単体や化合物のおもな性質と反応

・単体 説明①

1000℃以下で酸化 → CuO

1000℃以上で酸化 → Cu_2O

湿った空気中で酸化 → $CuCO_3 \cdot Cu(OH)_2$

・化合物 説明②

$CuSO_4 \cdot 5H_2O$：青色結晶，加熱により白色粉末の $CuSO_4$ へ

説明①

[1] **単体 Cu**

銅 Cu は自然界には黄銅鉱(主成分 $CuFeS_2$)として存在しており，そこから取り出した粗銅を電解精錬することによって単体が得られます(工業的製法 → p.149)。

単体の基本的な性質は 8 講などで学んでいます。

例 電気伝導性，熱伝導性第 2 位(→ p.190)。

希酸とは反応しないが，熱濃硫酸，濃硝酸，希硝酸とは反応(→ p.114)。

ここでは，追加で確認しておくべき性質について見ていきましょう。

合金をつくる

黄銅，青銅，白銅など，さまざまな合金をつくります(合金→ p.190)。

環境によって酸化物が異なる

・1000℃以下で加熱したとき → **酸化銅(Ⅱ)CuO** 〈黒色〉

$$2Cu + O_2 \longrightarrow 2CuO$$

・1000℃以上で加熱したとき → **酸化銅(Ⅰ)Cu₂O** 〈赤色〉

CuO が分解して Cu_2O に変化します。

$$4CuO \longrightarrow 2Cu_2O + O_2$$

・湿った空気中で放置したとき → **緑青（ろくしょう）$CuCO_3 \cdot Cu(OH)_2$** 〈青緑色〉

緑青の化学式 $CuCO_3 \cdot Cu(OH)_2$ をマスターするために、緑青ができる過程を確認してみましょう。

銅が湿った空気中で酸化される過程

$$Cu \xrightarrow[\text{(i)}]{O_2} CuO \xrightarrow[\text{(ii)}]{H_2O} Cu(OH)_2 \xrightarrow[\text{(iii)}]{CO_2} CuCO_3$$

(i) 空気中で酸化されて CuO に変化する（常温なので1000℃以下）

(ii) XO 型の CuO が空気中の H_2O と反応し、XOH 型の $Cu(OH)_2$ に変化

(iii) $Cu(OH)_2$ が空気中の CO_2 と中和反応し、$CuCO_3$ に変化

(ii) で生じる $Cu(OH)_2$ と (iii) で生じる $CuCO_3$ が1：1で混合している状態が緑青 $CuCO_3 \cdot Cu(OH)_2$ です。

神社の屋根や銅像が緑になっているのは、この緑青が原因です。

説明②

[2] **硫酸銅（Ⅱ）五水和物 $CuSO_4 \cdot 5H_2O$**

硫酸銅（Ⅱ）五水和物 $CuSO_4 \cdot 5H_2O$ は青色の結晶です。加熱により水和水を失い、最終的には白色粉末の $CuSO_4$ に変化します。

$$CuSO_4 \cdot 5H_2O \xrightarrow{\text{熱}} CuSO_4 \cdot 3H_2O \xrightarrow{\text{熱}} CuSO_4 \cdot H_2O \xrightarrow{\text{熱}} CuSO_4$$

$CuSO_4$ をさらに加熱すると、分解反応が進行し、CuO が生成します。

$$CuSO_4 \xrightarrow{\text{熱}} CuO + SO_3(2SO_3 \rightleftarrows 2SO_2 + O_2)$$

その他、代表的な Cu 化合物である水酸化銅（Ⅱ）$Cu(OH)_2$ などは、沈殿生成反応（→ p.55）や錯イオン生成反応（→ p.71）で学んでいます。

沈殿をつくる組み合わせ、錯イオンをつくる組み合わせ、それらの化学反応式はしっかりと復習しておきましょう。

例 Cu^{2+} を含む水溶液にアンモニア水を加えると青白色の沈殿を生じる。

$$Cu^{2+} + 2NH_3 + 2H_2O \longrightarrow Cu(OH)_2 + 2NH_4^+ (\rightarrow 沈殿生成反応 p.74)$$

実践! **演習問題 2** ▶標準レベル

次の文を読み，後の問1，問2に答えなさい。

　銅の単体はやわらかく赤い金属であり，熱や ア を非常によく通し，延性や展性に富んでいる。銅は，単体としての利用に加え，合金としても利用される。例えば，美術工芸品には，銅とスズの合金である青銅が用いられ，硬貨には， イ との合金である黄銅(真ちゅう)や ウ との合金である白銅などが利用されている。加熱した銅を塩素と反応させると塩化銅(Ⅱ)が生成する。塩化銅(Ⅱ)からは，電気分解により再び銅と塩素を生成することができ，炭素を電極として塩化銅(Ⅱ)水溶液を電気分解すると，エ 極では塩素が発生し，オ 極では銅が析出する。

問1　 ア ～ オ にあてはまる適切な語句を答えなさい。

問2　下線部について，0.50 A の電流を3時間13分流し続けたときの， オ 極における銅の析出量(g)を有効数字2桁で求めなさい。ただし，銅の原子量＝63.5，ファラデー定数は9.65×10^4 C/mol とする。

[岐阜大]

\Point!/

合金の種類は頭に入れておこう!!

▶解説

問1　銅の単体は熱伝導性，ア電気伝導性が銀に次いで第2位です。

　　銅の合金には次のようなものがあります。◀ \Point!/

　　　黄銅 → 銅＋イ亜鉛，白銅 → 銅＋ウニッケル，青銅 → 銅＋スズ

　　炭素電極を用いて $CuCl_2$ 水溶液を電気分解すると，各極で次のような反応が進行します。

　　　ェ陽極：$2Cl^- \longrightarrow Cl_2 + 2e^-$　　ォ陰極：$Cu^{2+} + 2e^- \longrightarrow Cu$

問2　0.50 A の電流を3時間13分(11580秒)流したので，流れた e^- の物質量は

$\dfrac{0.50 \times 11580}{9.65 \times 10^4}$ mol となります。陰極の反応式の係数より，析出する Cu(原子量63.5)は

流れた e^- の $\dfrac{1}{2}$ 倍なので，その質量は次のようになります。

$$\dfrac{0.50 \times 11580}{9.65 \times 10^4} \times \dfrac{1}{2} \times 63.5 = 1.905 \qquad \underline{1.9\,g}$$

▶解答　**問1　ア…電気　　イ…亜鉛　　ウ…ニッケル　　エ…陽　　オ…陰**

　　　　問2　1.9 g

③ 銀の性質と反応

重要TOPIC 04

銀の単体や化合物のおもな性質と反応

・単体 説明①

H_2S を含む空気中で容易に酸化される

・化合物 説明②

ハロゲン化銀：AgF 以外は水に不溶，感光性をもつ

	NH_3aq	$Na_2S_2O_3aq$	KCNaq
AgCl（白）	可溶	可溶	可溶
AgBr（淡黄）	不溶	可溶	可溶
AgI（黄）	不溶	可溶	可溶

説明①

[1] 単体 Ag

単体の基本的な性質は8講などで学んでいます。

例　電気伝導性，熱伝導性第1位（→ p.190）。

希酸とは反応しないが，熱濃硫酸，濃硝酸，希硝酸とは反応（→ p.114）。

ここでは，追加で確認しておくべき性質について見ていきましょう。

硫化水素 H_2S を含む空気中では容易に酸化される

銀 Ag はイオン化傾向が小さいため，加熱しても，空気中の O_2 には酸化されません（→ p.115）。しかし，H_2S を含む空気中では容易に酸化され，表面に硫化銀 Ag_2S（黒）を生じます。シルバーのアクセサリーが黒ずむ原因ですね。

[2] ハロゲン化銀 AgX

フッ化銀 AgF のみ水溶性で，それ以外のハロゲン化銀は沈殿です。
AgF 以外のハロゲン化銀について確認しておきましょう。

塩化銀 AgCl(白)，臭化銀 AgBr(淡黄)，ヨウ化銀 AgI(黄)は水には溶解しませんが，錯イオンをつくる組み合わせの配位子があれば溶解します。

Ag^+ と錯イオンをつくる配位子には次のようなものがありました(→ p.68)。

$$NH_3 \quad , \quad S_2O_3{}^{2-} \quad , \quad CN^-$$

これらを含む水溶液には錯イオン$[Ag(NH_3)_2]^+$，$[Ag(S_2O_3)_2]^{3-}$，$[Ag(CN)_2]^-$ となり溶解するはずですが，AgBr と AgI は $S_2O_3{}^{2-}$，CN^- を含む水溶液にしか溶解しません(NH_3aq には溶解しません)。その理由は，AgBr と AgI は共有結合性が強く，溶解させるには，より安定な錯イオンをつくる配位子が必要だからです。

	NH_3aq	$Na_2S_2O_3aq$	KCNaq
AgCl(白)	可溶	可溶	可溶
AgBr(淡黄)	不溶	可溶	可溶
AgI(黄)	不溶	可溶	可溶

系統分析などで出題されるのは AgCl なので，AgBr や AgI に関しては優先順位が高くありませんが，「陰イオンの検出」では出題されます(→ p.129)。余裕があればあわせて確認しておきましょう。

また，これらハロゲン化銀の沈殿は感光性をもつため，光が当たると分解して銀が析出します。この性質を利用して AgBr は写真の感光剤に利用されています。

$$2AgBr \xrightarrow{\text{光}} 2Ag + Br_2$$

その他感光性を示すものとして $AgNO_3$ があり，これら感光性をもつ物質は褐色ビンに保存します。

次の文を読み，後の問いに答えなさい。

銀は銅とともに11族に属する遷移金属である。銀の単体は，同族の ア に次ぐ展性や延性を示し，電気や熱の伝導性は金属中で最大である。銀の単体は塩酸や希硫酸とは反応しないが，熱濃硫酸や硝酸などの酸化力のある酸とは反応して溶ける。銀と濃硝酸との反応で得られる硝酸銀は， イ 色の板状結晶で，水によく溶ける。硝酸銀は，光によって分解して銀を遊離する。この性質は ウ 性という。

問1 文中の ア ～ ウ に適当な語句を記しなさい。

問2 下線部について，銀と濃硝酸の反応を化学反応式で記しなさい。

[名城大]

\Point!/

銀はイオン化傾向が小さいため，酸化力の強い酸と反応！

▶解説

問1 銀は銅や金と同じ11族の元素で，単体の展性や延性は$_ア$金に次いで第2位。電気伝導性，熱伝導性は第1位です。

また，銀の化合物である硝酸銀 $AgNO_3$ は$_イ$無色の板状結晶で$_ウ$感光性をもち，光が当たると銀を遊離します。

問2 銀（金属の単体）は還元剤Ⓡ，濃硝酸は酸化剤Ⓞなので，酸化還元反応が進行します。◀ \Point!/

各半反応式は次のようになります。

Ⓡ $Ag \longrightarrow Ag^+ + e^-$ …(1)

Ⓞ $HNO_3 + H^+ + e^- \longrightarrow NO_2 + H_2O$ …(2)

(1)＋(2)でできる式の両辺に NO_3^- を追加すると，次のような化学反応式になります。

$$Ag + 2HNO_3 \longrightarrow AgNO_3 + NO_2 + H_2O$$

酸化還元反応式はスラスラつくれるように練習しておきましょう。

▶解答 **問1** ア…金　イ…無　ウ…感光

問2 $Ag + 2HNO_3 \longrightarrow AgNO_3 + NO_2 + H_2O$

④ クロムの性質と反応

クロムの単体や化合物のおもな性質と反応

・単体 説明①

　空気中で安定，合金やめっきに利用

　希酸と反応して H_2 発生

・イオン 説明②

　CrO_4^{2-} は酸性にすると $Cr_2O_7^{2-}$ に変化

　CrO_4^{2-} は Pb^{2+}，Ag^+，Ba^{2+} と沈殿をつくる

　$PbCrO_4$（黄），Ag_2CrO_4（赤褐），$BaCrO_4$（黄）

14
講

遷移元素

説明①

[1] 単体 Cr

空気中で安定，合金やめっきに利用

　クロム Cr はアルミニウム Al のように表面が酸化被膜で覆われるため，内部が保護された状態になり，安定です。

　空気中の O_2 や H_2O とも反応しません。

　よって，合金やめっきに利用されています。代表的なものにステンレス鋼（→ p.190）があります。

希酸と反応し H_2 が発生

　Cr をイオン化列に並べると，Zn と Fe の間です。

　　　　　Li K Ca Na Mg Al Zn Cr Fe Ni ……

　よって，H_2 よりイオン化傾向が大きいグループなので，希硫酸や塩酸などの希酸と反応して H_2 が発生します（→ p.113）。

　ただし，**不動態**を形成するため濃硝酸には溶解しません。

[2] クロム酸イオン CrO_4^{2-}

酸性にするとニクロム酸イオン $Cr_2O_7^{2-}$ に変化

黄色の CrO_4^{2-} は酸性にすると橙赤色の $Cr_2O_7^{2-}$ に変化します。

$$2CrO_4^{2-} + 2H^+ \longrightarrow Cr_2O_7^{2-} + H_2O$$

また，塩基性にすると逆反応が進行します。

$$Cr_2O_7^{2-} + 2OH^- \longrightarrow 2CrO_4^{2-} + H_2O$$

混乱を防ぐため「黄色の CrO_4^{2-} は酸性にすると橙赤色の $Cr_2O_7^{2-}$ に変化」を徹底しておきましょう。

少し難易度の高い問題になると，「陰イオンの検出(→ p.129)」に組み込まれます。余裕がある人はあわせて確認しておきましょう。

酸性にすると CrO_4^{2-} が $Cr_2O_7^{2-}$ に変化する理由

CrO_4^{2-} を酸性にすると，弱酸遊離が進行します。

そして，脱水により，$Cr_2O_7^{2-}$ が生成します。

Pb^{2+}，Ag^+，Ba^{2+} と沈殿をつくる

CrO_4^{2-} は Pb^{2+}，Ag^+，Ba^{2+} と沈殿をつくります。

$$PbCrO_4(黄)，Ag_2CrO_4(赤褐)，BaCrO_4(黄)$$

系統分析に組み込まれる問題も多いので，しっかり頭に入れておきましょう。

実践! **演習問題 4** ▶標準レベル

　クロム Cr に関連する説明として誤りを含むものを，次の①〜⑥から 2 つ選び，その番号を記しなさい。

① 単体のクロムは，銀白色でかたい。

② 単体のクロムは空気中で不動態をつくるので，腐食されにくい。

③ クロム酸カリウム K_2CrO_4 は黄色の結晶で，水に溶けると黄色のクロム酸イオン CrO_4^{2-} を生じる。

④ 水溶液中のクロム酸イオン CrO_4^{2-} は，塩基を加えるとニクロム酸イオン $Cr_2O_7^{2-}$ に変化する。

⑤ ニクロム酸カリウム $K_2Cr_2O_7$ は赤橙色の結晶で，水に溶けると赤橙色のニクロム酸イオン $Cr_2O_7^{2-}$ を生じる。

⑥ ニクロム酸イオン $Cr_2O_7^{2-}$ は，酸性水溶液中で強い還元剤として作用する。

[秋田大]

\Point!/

酸化還元でよく登場するクロム化合物を思い出してみよう‼

▶ **解説**

①クロム Cr は金属であり，有色な金属ではないので通常の金属の色(銀白色)です。

　有色の金属として銅(赤褐色)，金(金色)は頭に入れておきましょう。→正

② Cr は Al と同様に空気中で不動態を形成し，内部が保護されます(→ p.215)。→正

③ K_2CrO_4 は黄色の結晶で，CrO_4^{2-} は水中で黄色です。特に CrO_4^{2-} の色は問題において重要なヒントになることもあるので，頭に入れておきましょう。→正

④ CrO_4^{2-} (黄色)は酸を加えると $Cr_2O_7^{2-}$ (橙赤色)に変化します。→誤

$$2CrO_4^{2-} + 2H^+ \longrightarrow Cr_2O_7^{2-} + H_2O$$

$K_2Cr_2O_7$ は，酸化剤◎として使用するとき，「硫酸酸性」にしていることを思い出しましょう。◀ \Point!/　塩基性にすると逆反応が進行し，CrO_4^{2-} に変化してしまうためです(→ p.130)。

⑤ $K_2Cr_2O_7$ も $Cr_2O_7^{2-}$ も橙赤色(赤橙色)です。→正

⑥ $K_2Cr_2O_7$ は代表的な酸化剤の 1 つです。◀ \Point!/　→誤

▶ **解答**　④，⑥

入試問題にチャレンジ

01

次の文章を読み，問1〜問5に答えよ。

　都市で大量に廃棄される家電製品などの中には都市鉱山とよばれる有用な資源が存在し，この資源を再生し有効活用することは持続可能な社会にとって重要である。東京2020オリンピック・パラリンピックで使用される①金・銀・銅の入賞メダルは，使用済み小型家電に含まれる金属を②リサイクルしてつくられた。また，地球上で存在量が少なかったり，抽出・精製が難しい金属は③レアメタルとよばれ，④二次電池などに利用されている。近年では，資源問題解決のため，安定供給が難しいレアメタルに代わる材料を⑤安価で豊富に存在する元素でつくる研究が注目されている。

問1 下線部①に関して，次の問いに答えよ。

(1) 金，銀，銅の単体の室温における性質のうち，正しいものを次のア〜エからすべて選べ。

ア　金属光沢がある。　　　イ　延性は金，銀，銅の中で金が最大である。

ウ　熱伝導性は金，銀，銅の中で銀が最大である。

エ　水と容易に反応する。

(2) 金は王水に溶ける。王水をつくるのに使う2種類の酸の名称を答えよ。

(3) $^{197}_{79}$Au が3価の陽イオンとなったとき，原子番号，陽子の数，および電子の数を答えよ。

(4) 銀イオンに関する以下の文章を読み，下線部(a)に主に含まれる銀の化合物，および下線部(b)に主に含まれる銀の錯イオンを化学式で示せ。

　　Ag^+イオンを含む水溶液に少量のアンモニア水を加えると(a)褐色沈殿を生じた。さらに過剰のアンモニア水を加えると(b)無色溶液となった。

(5) 銅およびその他の金属イオンを含む水溶液から各イオンの分離を行うためには適切な試薬・操作が必要である。以下に示す金属イオンの系統分離操作において，　(c)　および　(d)　にあてはまる化合物の化学式を答えよ。

　　Cu^{2+}イオン，Fe^{3+}イオンおよびCa^{2+}イオンを含む希塩酸で酸性にした水溶液に硫化水素を通じ，銅イオンを　(c)　として沈殿させ，ろ過して分離した。その後，ろ液を煮沸し，希硝酸を加えた。さらにアンモニア水を十分に加え，鉄イオンを　(d)　として沈殿させ，ろ過してカルシウムイオンと分離した。

問2 下線部②に関して，ボーキサイトからアルミニウムの単体を得るよりも，使い終わったアルミニウム製品をリサイクルする方がエネルギーが少なくてすむ。これは回収したアルミニウム製品があまり酸化されていないことが1つの理由である。アルミニウムがあまり酸化されない理由を25字以内で説明せよ。

問3 下線部③に関して，次の問いに答えよ。

(1) レアメタルであるニオブとチタンからなる合金は，ある温度以下で電気抵抗がほぼ0になる現象を示す。この現象の名称を答えよ。

(2) 二クロム酸イオン $Cr_2O_7^{2-}$ は硫酸で酸性にした水溶液中では強い酸化作用を示し，亜硫酸イオンと反応すると Cr^{3+} を生じる。この反応をイオンを含む反応式で答えよ。ただし，この溶液中で亜硫酸イオンは次のように反応する。

$$SO_3^{2-} + H_2O \longrightarrow SO_4^{2-} + 2H^+ + 2e^-$$

問4 下線部④に関して，次の問いに答えよ。

(1) ある鉛蓄電池を 1.0 A で 1.0 時間放電させた。この放電により，正極活物質である二酸化鉛は何 g 反応するか，有効数字2桁で求めよ。なお，原子量は $O = 16.0$，$Pb = 207.2$ とし，ファラデー定数を $9.65 \times 10^4 C/mol$ とする。

(2) 二次電池として実用化されているニッケル水素電池の負極活物質として使われる合金の総称を答えよ。

問5 下線部⑤に関して，希少金属の枯渇問題の解決に貢献できる材料の研究例・実用技術としてふさわしいものを次のア～エから2つ選べ。

　ア 携帯電話などに使われている透明な導電体の酸化インジウムの代わりに，伝導性がある $12CaO \cdot 7Al_2O_3$ の組成の酸化物が開発されている。

　イ 磁石材料であるフェライトの代わりに，強い磁力をもつ酸化ジルコニウム ZrO_2 を主成分とした重希土類元素磁石が開発されている。

　ウ 窒素と水素からアンモニアを合成する方法にはオスミウムを触媒として用いていたが，代わりに鉄を主成分とする触媒が開発されている。

　エ 一次電池であるマンガン乾電池の代わりに，起電力が低下しにくい亜鉛と銅からなるボルタ電池が開発されている。

[筑波大]

問1 (1)ア…すべて金属光沢があります。
→正

イ…延性・展性は金属の中で金が最大です。→正

ウ…電気伝導性，熱伝導性は金属の中で銀が最大です。→正

エ…すべて水とは反応しません（水と容易に反応するのはイオン化傾向 Na まで）。

(2)　王水とは<u>濃硝酸</u>と<u>濃塩酸</u>を体積比1：3で混合した溶液です。

(3)　$^{197}_{79}$Au の原子番号は与えられているため_{原子番号・陽子数}<u>79</u>とわかります。原子番号とは陽子の数のことであり，イオンになっても変化することはありません。

　そして，原子の状態では陽子数と電子数は一致（79）しています。原子は3つの e^- を放出して3価の陽イオン Au^{3+} になるため，Au^{3+} の電子数は，$79 - 3 =$_{電子数}<u>76</u>となります。

(4)　Ag^+ を含む水溶液に NH_3aq を加えて塩基性にすると，_(a)<u>Ag_2O</u>の褐色沈殿が生じます（水酸化物でないことに注意！→ p.57）。

　さらに，過剰の NH_3aq を加えると錯イオン_(b)<u>$[Ag(NH_3)_2]^+$</u>となり再溶解し，無色の溶液になります。

(5)　酸性条件下で硫化物沈殿を生じるのはイオン化傾向 Sn 以下の金属イオンなので，Cu^{2+} が_(c)<u>CuS</u>として沈殿します。

　ろ液を煮沸し（溶液中から H_2S を取り除くため），希硝酸を加え（Fe^{2+} を酸化して Fe^{3+} に戻すため），その後 NH_3 で塩基性にすると，Fe^{3+} が_(d)<u>$Fe(OH)_3$</u>として沈殿します。

　アルカリ土類金属の Ca^{2+} は水酸化物が強塩基性で完全電離するため沈殿しません。

問2　Al の単体を空気中に放置すると，表面に酸化被膜をつくり内部が保護されるため，酸化が進みにくくなります。

問3 (1)　電気抵抗がほぼ0になる現象を<u>超伝導</u>といいます。

(2)　$Cr_2O_7{}^{2-}$（◎）と $SO_3{}^{2-}$（®）の半反応式は次のようになります。

$Cr_2O_7{}^{2-} + 14H^+ + 6e^-$
$\qquad\qquad \longrightarrow 2Cr^{3+} + 7H_2O$　…①

$SO_3{}^{2-} + H_2O$
$\qquad\qquad \longrightarrow SO_4{}^{2-} + 2H^+ + 2e^-$　…②

①＋②×3より，イオン反応式になります。

$Cr_2O_7{}^{2-} + 3SO_3{}^{2-} + 8H^+$
$\qquad \longrightarrow 2Cr^{3+} + 3SO_4{}^{2-} + 4H_2O$

問4 (1)　鉛蓄電池の正極の反応式は，次のようになります。

$PbO_2 + SO_4{}^{2-} + 4H^+ + 2e^-$
$\qquad\qquad \longrightarrow PbSO_4 + 2H_2O$

　これより，PbO_2 と e^- の物質量比は1：2であることがわかります。

　また，1.0 A の電流を1.0時間（3600秒）流したため，流れた e^- の物質量は$\dfrac{1.0 \times 3600}{9.65 \times 10^4}$ mol となり，反応する PbO_2（式量 239.2）の質量を x〔g〕とすると，次の量的関係が成立します。

$$\frac{x}{239.2} \times 2 = \frac{1.0 \times 3600}{9.65 \times 10^4}$$

$$x = 4.46 \rightarrow \underline{4.5\ g}$$

(2)　水素を取り込む性質をもつ合金を<u>水素吸蔵合金</u>といいます。ニッケル水素電池以外にも，燃料電池自動車の燃料タンクなどに利用されています。

問5 ア…酸化インジウム In_2O_3 は伝導体薄膜として利用されていますが，レアメタルのインジウム In は高価で供給量にも限界があるため，$12CaO \cdot 7Al_2O_3$ などの代替物の研究が進んでいます。→正

イ…ジルコニウム Zr は，重希土類元素には含まれません。酸化ジルコニウム ZrO_2 はジルコニアともよばれるセラミックスと

して知られ，歯科材料や宝飾品として利用されています。

ウ…オスミウム Os は高価であるため，ハーバー・ボッシュ法では Fe_3O_4 触媒を用いています。→正

エ…ボルタ電池は起電力が低下しやすい電池です。起電力が低下し電流が流れにくくなる現象を分極ともいいます。

▶ 解答　問1　(1)　ア，イ，ウ　　(2)　濃硝酸，濃塩酸

(3)　原子番号…79　　陽子の数…79　　電子の数…76

(4)　(a)…Ag_2O　　(b)…$[Ag(NH_3)_2]^+$

(5)　(c)…CuS　　(d)…$Fe(OH)_3$

問2　表面に酸化被膜を形成し，内部が保護されるため。

問3　(1)　超伝導

(2)　$Cr_2O_7^{2-} + 3SO_3^{2-} + 8H^+ \longrightarrow 2Cr^{3+} + 3SO_4^{2-} + 4H_2O$

問4　(1)　4.5 g　　(2)　水素吸蔵合金

問5　ア，ウ

この問題の「だいじ」

・重金属が身の回りでどのように利用されるかを知っている。

・重金属の基本的な性質を押さえている。

02

次の文章を読み，**問1〜問7**に答えよ。

金属元素は，元素の周期表の中央部に位置する遷移元素とその左右に位置する典型元素からなる。周期表の1族元素のうちHを除く元素は①アルカリ金属元素とよばれ，2族元素の Ca，Sr，Ba，Ra の4元素は②アルカリ土類金属元素とよばれる。アルミニウム Al，③亜鉛 Zn，④スズ Sn，⑤鉛 Pb などの金属は，⑥酸および強塩基の水溶液のどちらとも反応して，それぞれ塩を生じる。このことから，これらの金属は (a) 金属とよばれる。遷移元素は，周期表の3族から11族に属し，すべて金属元素である。遷移元素は，同族元素のみならず，同一周期の隣り合う元素との化学的性質の類似がみられる。これは，⑦多くの遷移元素では，最外殻電子の数が1個または2個でほとんど変わらないためである。

問1 空欄 (a) に入る最も適切な語句を書け。

問2 次のア〜エの記述の中で，下線部①および②の金属のうち Na および K に該当し，かつ Ca および Ba には該当しない記述をすべて選べ。

ア 天然には，単体として存在することもある。

イ 単体は水あるいは熱水と反応して水素を発生する。

ウ 水酸化物および炭酸塩は，いずれも水によく溶ける。

エ 炎色反応を示さないものがある。

問3 下線部③の亜鉛 Zn は主に閃亜鉛鉱として産出され，その主成分は ZnS である。閃亜鉛鉱型 ZnS 結晶の単位格子を右図に示す。図では，亜鉛イオン Zn^{2+} は，単位格子の頂点と各面の中心に位置し，面心立方型の構造をとる。

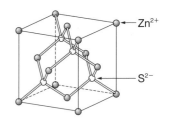

(1) 単位格子の1辺の長さを $5.4×10^{-8}$ cm としたとき，閃亜鉛鉱型 ZnS の密度〔g/cm^3〕を有効数字2桁で求めよ。なお，原子量は S = 32.1，Zn = 65.4 とし，アボガドロ定数を $6.02×10^{23}$/mol とする。

(2) 以下の文章中の空欄 (b) と (c) に入る数字をそれぞれ書け。

図に単位格子を示す閃亜鉛鉱型の ZnS 結晶について，ある亜鉛イオンに着目すると，その亜鉛イオンの周囲にある，最も近い亜鉛イオン Zn^{2+} の数は (b) 個，硫化物イオン S^{2-} の数は (c) 個である。

問4 下線部④のスズ Sn について，次のア～オの記述のなかで正しいものをすべて選べ。

ア 酸化数 + 2 の状態が最も安定であるため，塩化スズ $SnCl_4$ は強い酸化作用を示す。

イ 単体は，室温では銀白色の光沢をもち，展性・延性に富む。

ウ ブリキは鋼板にスズをめっきしたものであり，スズが鉄より先に酸化されることで鋼板の腐食が抑制される。

エ 融点が低いことから，はんだの主成分として用いられる。

オ 銅との合金は黄銅とよばれ，金管楽器に広く使われる。

問5 下線部⑤の鉛 Pb に関連し，塩化鉛 $PbCl_2$ の室温での溶解度積を $K_{sp} = 3.2 \times 10^{-8} (mol/L)^3$ としたとき，(A)純水および(B)0.10 mol/L の塩酸への室温での $PbCl_2$ の溶解度〔mol/L〕をそれぞれ有効数字 2 桁で求めよ。

問6 下線部⑥に関連し，アルミニウム Al の酸化物である酸化アルミニウムも，塩酸および水酸化ナトリウム水溶液の両方と反応する。酸化アルミニウムと(A)塩酸および(B)水酸化ナトリウム水溶液との反応を，イオンを表す化学式を含まない化学反応式でそれぞれ書け。

問7 下線部⑦に関して，原子番号が増える際，最外殻電子の数がほとんど変わらない理由を 20 字以内で書け。

[東北大]

問1　金属の単体は基本的に酸と反応し，塩基とは反応しません。しかし，Al，Zn，Sn，Pb は酸とも強塩基とも反応します。これらを$_{(a)}$両性金属といいます。

問2　アルカリ金属(Na，K)に該当し，アルカリ土類金属(Ca，Ba)に該当しない記述を選びます。

ア…アルカリ金属もアルカリ土類金属も反応性が高く，天然に単体では存在しません。

イ…アルカリ金属もアルカリ土類金属もイオン化傾向 Li～Mg までに入っているので水や熱水と反応し H_2 が発生します。

ウ…アルカリ土類金属の炭酸塩は難溶性の沈殿です。→誤

エ…アルカリ金属もアルカリ土類金属も炎色反応陽性です。

問3　問題文にあるように，Zn^{2+} は面心立方格子であるため，粒子数は4つです（頂点 $\frac{1}{8} \times 8 = 1$，面の中心 $\frac{1}{2} \times 6 = 3$，計4つ）。

S^{2-} は単位格子の内部に4つが存在しています。

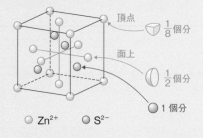

　　○ Zn^{2+}　　○ S^{2-}

よって，単位格子には ZnS が4つ分含まれています。

(1)　1辺の長さが 5.4×10^{-8}cm なので，単位格子の体積は $(5.4 \times 10^{-8})^3$cm^3，ZnS

（式量 97.5）1つ分の質量は $\dfrac{97.5}{6.02 \times 10^{23}}$ g で，単位格子の中に4つ分が含まれているので，密度(g/cm^3)は次のようになります。

$$\frac{\dfrac{97.5}{6.02 \times 10^{23}} \times 4}{(5.4 \times 10^{-8})^3} = 4.11 \rightarrow \underline{4.1\text{g/cm}^3}$$

(2)　Zn^{2+} は最密構造である面心立方格子であるため，配位数は最大の$_{(b)}$12 です。

また，Zn^{2+} の周囲にある最も近い S^{2-} の数は次の図のように$_{(c)}$4 つとわかります。

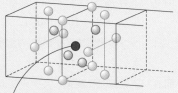

ここに注目すると
12個の○が近くにある Zn^{2+}
4個の○が近くにある S^{2-}

問4 ア…Sn^{2+} は代表的な還元剤Ⓡで，反応すると Sn^{4+}（弱い酸化剤Ⓞ）に変化します。

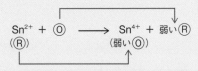

イ…Sn は延性・展性に富んだ銀白色の軟らかい金属です。→正

ウ…Sn は Fe よりイオン化傾向が小さいため，Fe より先に酸化されることはありません。

エ…はんだとは，Sn を主成分とした合金です。→正

オ…Cu と Sn の合金は青銅とよばれ，硬貨などに利用されています。

問5　$PbCl_2$ の溶解平衡と溶解度積 K_{sp} は

以下のようになります。

$$PbCl_2 \rightleftharpoons Pb^{2+} + 2Cl^-$$

$$K_{sp} = [Pb^{2+}][Cl^-]^2$$
$$= 3.2 \times 10^{-8}(mol/L)^3$$

(A) 溶解度を x〔mol/L〕とすると，水溶液中の濃度は $[Pb^{2+}] = x$〔mol/L〕，$[Cl^-] = 2x$〔mol/L〕となります。

$$\underset{-x}{PbCl_2} \rightleftharpoons \underset{+x}{Pb^{2+}} + \underset{+2x}{2Cl^-}$$

よって，K_{sp} より，次のような式が成立します。

$$K_{sp} = [Pb^{2+}][Cl^-]^2$$
$$= x(2x)^2$$
$$= 4x^3$$
$$= 3.2 \times 10^{-8}$$
$$x = \underline{2.0 \times 10^{-3} mol/L}$$

(B) $0.10\,mol/L$ 塩酸中における $PbCl_2$ の溶解度を y〔mol/L〕とすると，水溶液中の濃度は，$[Pb^{2+}] = y$〔mol/L〕，$[Cl^-] = (0.10 + 2y) \fallingdotseq 0.10\,mol/L$ となります。

$$\underset{-0.1}{HCl} \longrightarrow \underset{+0.1}{H^+} + \underset{+0.1}{Cl^-}$$

$$\underset{-y}{PbCl_2} \rightleftharpoons \underset{+y}{Pb^{2+}} + \underset{+2y}{2Cl^-}$$

（Cl^- が塩酸から $0.10\,mol/L$ 放出されるため，$PbCl_2$ の溶解平衡は左へ移動します。これにより，ただでさえ溶解しにくい $PbCl_2$ の溶解がさらに抑制され，y は非常に小さいと考えられるため，$0.10 + 2y$ を 0.10 と近似します。）

よって，次のような式が成立します。

$$K_{sp} = [Pb^{2+}][Cl^-]^2$$
$$= y(0.10)^2$$
$$= 3.2 \times 10^{-8}$$
$$y = \underline{3.2 \times 10^{-6} mol/L}$$

（$0.10 + 2y$ は $0.10 + 6.4 \times 10^{-6}$ となり，$[Cl^-]$ を 0.10 と近似してよいことがわかりますね。）

問6　→ p.192参照

問7　典型元素は，同周期の場合，原子番号が増えると最外殻の電子が増えます。それに対して，遷移元素は最外殻ではなく内側の殻に電子が入るため，最外殻の電子数は基本的に変化しません。

▶ 解答　問1　両性　　問2　ウ

問3　(1)　$4.1 g/cm^3$　　(2)　(b)…12　　(c)…4

問4　イ，エ　　問5　(A)…$2.0 \times 10^{-3}\,mol/L$　　(B)…$3.2 \times 10^{-6}\,mol/L$

問6　(A)…$Al_2O_3 + 6HCl \longrightarrow 2AlCl_3 + 3H_2O$

　　　(B)…$Al_2O_3 + 3H_2O + 2NaOH \longrightarrow 2Na[Al(OH)_4]$

問7　内側の電子殻の電子が増えるため。

この問題の「だいじ」

・両性金属の性質や反応を理解している。

・典型元素と遷移元素の違いを理解している。

非金属元素

15講 | 14族

講義ポイント！

炭素とケイ素の単体や化合物の性質を確認しましょう。

1 炭素

1 炭素の単体の特徴と性質

重要TOPIC 01

炭素の単体の特徴と性質

・ダイヤモンド　説明①

　無色透明，立体網目状構造，すべての物質の中で最も硬い，
　融点が非常に高い

・黒鉛（グラファイト）　説明②

　黒色，層状構造，はがれやすい，電気伝導性がある，金属光沢をもつ

　炭素 C の単体には，ダイヤモンド，黒鉛，フラーレン，カーボンナノチューブなどがあり，同素体といわれています。

　ここでは，無機化学の分野として大切な「ダイヤモンドと黒鉛の違い」に注目しながら確認していきましょう。

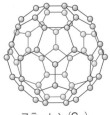

フラーレン（C_{60}）

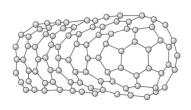

カーボンナノチューブ

説明①

[1] ダイヤモンド

無色透明，立体網目状構造，すべての物質の中で最も硬い，融点が非常に高い

炭素 C 原子には 4 つの価電子があります。その 4 つすべてを他の C 原子との共有結合に使うと，正四面体になります。

ダイヤモンドは，この正四面体からなる立体網目状構造をした無色透明の結晶です。

共有結合は最も強い結合なので，共有結合のみからできているダイヤモンドは，すべての物質の中で最も硬く，融点が非常に高いのです。

0.15nm

説明②

[2] 黒鉛（グラファイト）

黒色，層状構造，はがれやすい

炭素 C 原子には 4 つの価電子がありますが，そのうち 3 つだけを共有結合に使うと，平面になります。

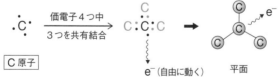

黒鉛は，この平面が分子間力で層状構造になっている黒色の結晶です。

共有結合は強いため平面は丈夫ですが，分子間力は弱いため層と層がはがれやすい性質をもちます。

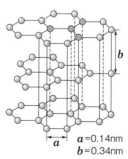

a=0.14nm
b=0.34nm

電気伝導性がある，金属光沢をもつ

　C原子の4つの価電子のうち，3つを共有結合に使い，残った1つは平面上を金属の自由電子のように移動しているため，電気伝導性を示します。

　電気分解の電極にも利用されていますね。

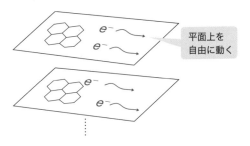

平面上を
自由に動く

　また，金属結晶の性質である金属光沢ももちます。

② 炭素の化合物の特徴と性質

重要TOPIC 02

炭素の化合物の特徴と性質

・CO **説明①**：無色無臭，水に不溶の有毒な気体
　　　　　　　空気中で青白い炎をあげて燃焼
　　　　　　　工業的製法は赤熱したコークスに高温水蒸気を反応させる
・CO_2 **説明②**：空気中の約0.04%を占める無色無臭の気体
　　　　　　　固体はドライアイスとよばれる昇華性物質
　　　　　　　植物の光合成に使われる

　炭素C化合物のほとんどは，有機化合物として有機化学で学びます。

　ここでは，無機化合物の一酸化炭素COとCO_2に注目してみましょう。

[1] 一酸化炭素 CO

　一酸化炭素 CO は気体なので，基本的な性質は 7 講で学んでいます。

例　高温で還元力をもつ気体（→ p.100）。

　　実験室的製法はギ酸に濃硫酸を加えて加熱（→ p.96）。

$$HCOOH \longrightarrow CO + H_2O \quad (濃硫酸は触媒)$$

　ここでは，追加で確認しておくべき性質について見ていきましょう。

無色無臭，有毒，水に不溶な気体

　CO は無色無臭で有毒な，水に不溶の気体です（水溶性の気体→ p.98）。血液中のヘモグロビンと結合し，ヘモグロビンの O_2 運搬を阻止します。

空気中で青白い炎をあげて燃焼

　空気中で青白い炎をあげて燃焼し，CO_2 に変化します。自身が酸化されるため，還元力をもつ気体です。

　鉄の工業的製法で酸化鉄を還元するときに利用します（→ p.146）。

工業的製法は赤熱したコークスに高温水蒸気を反応させる

　工業的製法は，赤熱したコークス（主成分 C）に高温水蒸気を反応させます。

$$\underset{水性ガス}{C + H_2O \longrightarrow CO + H_2}$$

　これにより得られる CO と H_2 の混合気体を**水性ガス**といいます。水性ガスを触媒存在下，高温高圧で反応させるとメタノール CH_3OH が生成します。

$$CO + 2H_2 \longrightarrow CH_3OH$$

[2] 二酸化炭素 CO_2

　二酸化炭素 CO_2 は気体なので，基本的な性質は 7 講で学んでいます。

例　石灰水に通じると白濁し，さらに通じると無色に戻る（→ p.106）。

$$CO_2 + Ca(OH)_2 \longrightarrow CaCO_3 + H_2O$$

$$CaCO_3 + H_2O + CO_2 \longrightarrow Ca(HCO_3)_2$$

例 実験室的製法は石灰石に塩酸を加える(→ p.90)。

$$CaCO_3 + 2HCl \longrightarrow CaCl_2 + H_2O + CO_2$$

ここでは，追加で確認しておくべき性質について見ていきましょう。

空気中の約0.04%を占める無色無臭の気体

CO_2 は空気の体積の約0.04%を占めており，4番目に多い気体です。

窒素 N_2 ＞ 酸素 O_2 ＞ アルゴン Ar ＞ 二酸化炭素 CO_2
約78%　　　約21%　　　約0.93%　　　　約0.04%

酸性の気体(→ p.99)なので，塩基性の物質と中和反応を起こし，吸収されます。

$$CO_2 + 2NaOH \longrightarrow Na_2CO_3 + H_2O$$

CO_2 が水に溶けたものを炭酸 H_2CO_3 といいますが，化学反応式の中では $H_2O + CO_2$ と書くことを再度確認しておきましょう。

固体はドライアイスとよばれる昇華性物質

CO_2 は分子結晶で，ヨウ素 I_2 やナフタレン $C_{10}H_8$ と並ぶ代表的な昇華性物質です。**ドライアイス**とよばれ，昇華するときに周囲の熱を吸収するため，冷却剤として用いられています。

植物の光合成に使われる

植物の光合成には，CO_2 と H_2O が利用されます。

$$6CO_2 + 6H_2O \longrightarrow C_6H_{12}O_6 + 6O_2$$

2 ケイ素

1 ケイ素の単体の性質と反応

重要TOPIC 03

ケイ素の単体の性質と反応 説明①

- ・ダイヤモンド型の共有結合結晶
- ・半導体の性質をもつ
- ・工業的製法はケイ砂にコークスを加えて強熱する

説明①

　ケイ素 Si はクラーク数が酸素 O に次いで第 2 位の元素です（→ p.141）。

ダイヤモンド型の共有結合結晶

　ダイヤモンドと同様，4 つある価電子すべてを共有結合に利用してできる立体網目状構造です。

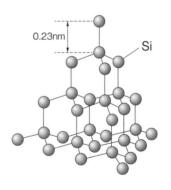

0.23nm

Si

半導体の性質をもつ

　Si の単体で高純度のものは電気をわずかに通し，**半導体**としての性質をもつため，コンピュータなどに利用されています。

工業的製法はケイ砂にコークスを加えて強熱する

　Si は天然に石英，水晶，ケイ砂などの酸化物で存在しています。

　単体の Si は，ケイ砂（主成分 SiO_2）にコークス（主成分 C）を加えて強熱（約 2000℃）してつくります。

$$SiO_2 + 2C \longrightarrow Si + 2CO$$

高温なので次の平衡が右に移動し，CO_2 ではなく CO が発生します。

$$C + CO_2 \rightleftharpoons 2CO$$

$$C + CO_2 = 2CO - Q\text{kJ}$$

鉄の工業的製法（→ p.146）でも登場しています。確認しておきましょう。

15
講

14
族

第 4 章　非金属元素　233

また，SiO_2 にコークスを過剰に加えて強熱すると，**炭化ケイ素（カーボランダム）** SiC が生成します。

$$SiO_2 + 3C \longrightarrow SiC + 2CO$$

SiC もダイヤモンド型の共有結合結晶です。

② 二酸化ケイ素の性質と反応

重要TOPIC 04

二酸化ケイ素 SiO_2 の性質と反応 説明①

- 正四面体からなる立体網目状構造の共有結合結晶
- 光ファイバーとして利用される
- HF（気体），HFaq と反応して溶解（HFaq はポリエチレン容器保存）
- シリカゲルをつくることができる

$$SiO_2 \xrightarrow[Na_2CO_3]{NaOH \; または} Na_2SiO_3 \xrightarrow[熱]{H_2O} 水ガラス \xrightarrow{HClaq} H_2SiO_3$$

$$\xrightarrow{熱} シリカゲル$$

説明①

二酸化ケイ素 SiO_2 は天然に，石英，水晶，ケイ砂などで存在しています。

正四面体からなる立体網目状構造の共有結合結晶

二酸化ケイ素 SiO_2 は，中心に Si 原子，頂点に O 原子が配列した正四面体からなる立体網目状構造をしている共有結合結晶です。単体の Si の結晶の Si−Si 結合の間に O 原子が入った状態と考えることもできます。

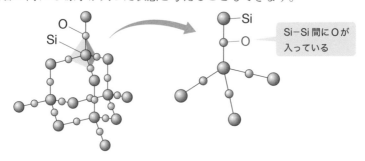

Q & A

Q 22. Si 原子を中心として頂点に O 原子が配列した正四面体なら，二酸化ケイ素の化学式は SiO_4 じゃないの？

A 22. そんなふうに見えますが，それは間違っています。正四面体の中心の Si 原子は 4 つの O 原子に囲まれていますが，その O 原子は，もう 1 つの Si 原子のものでもあります。

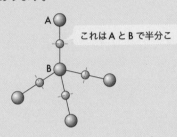

これは A と B で半分こ

よって，中心の Si 原子に対して，O 原子 $\dfrac{1}{2}$ 個分が 4 頂点と考えると，化学式は SiO_2 となります。

光ファイバーとして利用される

SiO_2 は光の透過率が高く，光を減衰させずに通過させるため，**光ファイバー**などに利用されています。

フッ化水素 HF，フッ化水素酸 HFaq と反応して溶解

SiO_2 は HF や HFaq と反応して溶解します。

よって，HFaq の保存はガラスビン（SiO_2）ではなくポリエチレン容器を利用します。

HF と SiO_2 の反応式　　　　$SiO_2 + 4HF \longrightarrow SiF_4 + 2H_2O$

HFaq と SiO_2 の反応式　　　$SiO_2 + 6HF \longrightarrow H_2SiF_6 + 2H_2O$

SiO₂ と HF，SiO₂ と HFaq の反応

SiO₂ と HF の反応も，SiO₂ と HFaq の反応も，化学反応式を問われるため書けるようになっておく必要があります。丸暗記にならないよう，何が起こっているのか確認しておきましょう。

SiO₂ とフッ化水素 HF の反応

下図のように，SiO₂ の結晶の $\overset{\delta+}{Si}-\overset{\delta-}{O}$ の部分に $\overset{\delta+}{H}-\overset{\delta-}{F}$ がやってきます。Si−O 結合，H−F 結合が切れ，新しく Si−F 結合が生じます。

Si−O 結合 4 本すべてで同じことが起こり，四フッ化ケイ素 SiF₄ が生成します。

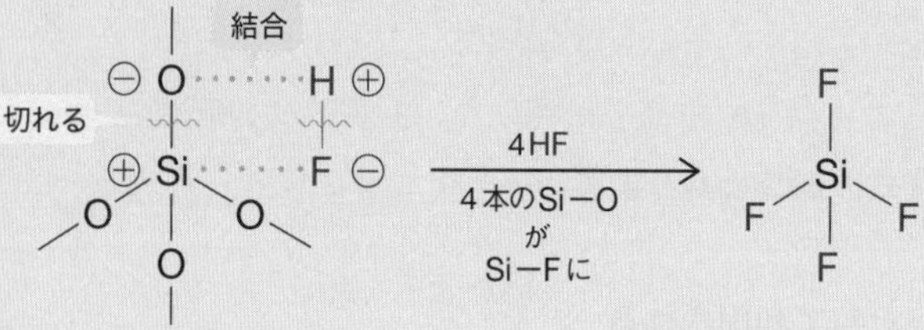

SiO₂ とフッ化水素酸 HFaq の反応

極性溶媒の水中では，無極性の SiF₄ は H₂O になじむことができません。そこで，さらに 2 分子の HF がやってきて，ヘキサフルオロケイ酸 H₂SiF₆ となり溶解します。

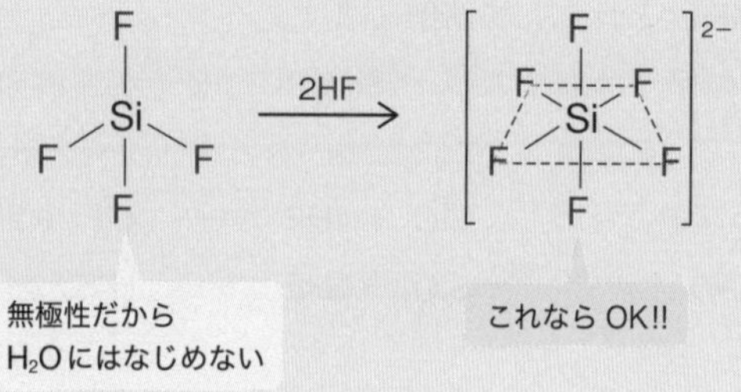

シリカゲルをつくることができる

SiO₂ を利用して，乾燥剤や脱臭剤として利用されているシリカゲルをつくることができます。つくる過程を 1 つずつ確認していきましょう。

過程1 NaOH や Na_2CO_3 とともに融解すると Na_2SiO_3 が生成

ケイ素 Si は非金属元素なので，SiO_2 は酸性酸化物(→ p.16)です。よって，塩基性の NaOH や Na_2CO_3 とともに融解すると，反応してケイ酸ナトリウム Na_2SiO_3 が生成します。

$$SiO_2 + 2NaOH \longrightarrow Na_2SiO_3 + H_2O$$
$$SiO_2 + Na_2CO_3 \longrightarrow Na_2SiO_3 + CO_2$$

(化学反応式を書くときは，XO 型の SiO_2 に，形式的に H_2O を加えて XOH 型の H_2SiO_3 に変えてみましょう。)

過程2 Na_2SiO_3 に水を加えて加熱すると水ガラスが生成

過程1 で得られた Na_2SiO_3 はイオン結晶ですが，下のような高分子の状態なので，水には溶解しません。

しかし，水を加えて加熱していくとなじみ，無色透明で粘性の大きい**水ガラス**になります。

過程3 水ガラスに塩酸を加えると H_2SiO_3 が生じる

Na_2SiO_3 に塩酸を加えると弱酸遊離反応が進行し，ゲル状沈殿のケイ酸 H_2SiO_3 が生じます。

$$Na_2SiO_3 + 2HCl \longrightarrow 2NaCl + H_2SiO_3$$

過程4 H_2SiO_3 を加熱するとシリカゲルが生成

　H_2SiO_3 を加熱すると脱水が進行し，多孔質のシリカゲルが生成します。シリカゲルには多数のヒドロキシ基－OH が存在し，水素結合によって水やアンモニアを吸着するため，乾燥剤や脱臭剤として利用されています。

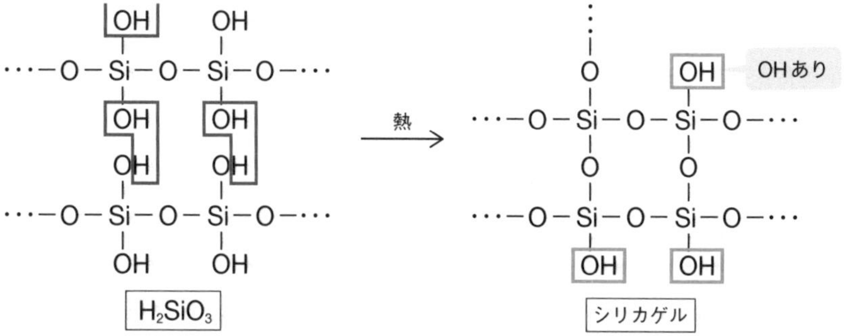

　SiO_2 からシリカゲル生成までの流れを押さえ，化学反応式も練習しておきましょう。

③ ケイ酸塩

重要TOPIC 05

ケイ酸塩 説明①

基本単位の正四面体の構造を正三角形で表す

真上から見ると

説明①

　ケイ素 Si は地殻に多く含まれますが(クラーク数第2位)，それは地殻の岩石の大部分を占めるケイ酸塩が原因です。

　ここでは，ケイ酸塩の化学式の導き方を確認していきましょう。

ケイ酸塩の基本単位の表し方

　ケイ酸塩は SiO_4^{2-} で表すことができる正四面体が基本単位で，これが連なってできています。基本単位の正四面体を真上から見ると，正三角形のように見えます。この正三角形を用いてケイ酸塩を表現していきます。

ケイ酸塩の構造と化学式の導き方

　上の表し方を使うと，輝石は次のような図で表すことができます。

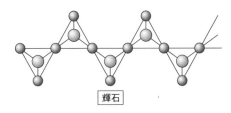

輝石

　それではこの図から，輝石の化学式を導いてみましょう。

　まずは，基本単位の1つに注目します（ここでは，この基本単位の4つの酸素O原子に①〜④の番号をつけて説明していきます）。

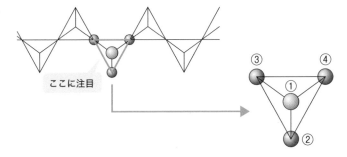

ここに注目

基本単位に含まれる O 原子の数

①と②

→ 他の基本単位と共有されていない

（専有）

→ 1 個とカウント

③と④

→ 隣の基本単位と共有している

→ $\frac{1}{2}$ 個とカウント

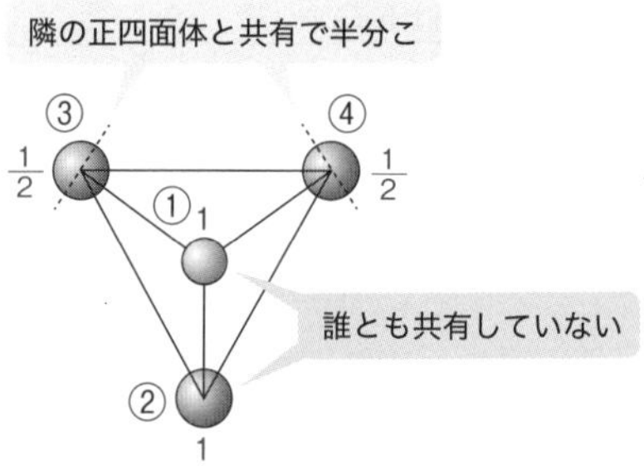

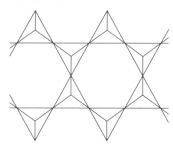

隣の正四面体と共有で半分こ

誰とも共有していない

以上より，$1 \times 2 + \frac{1}{2} \times 2 = 3$ 個分の O 原子が基本単位に含まれます。

化学式の導き方

基本単位（正四面体）に含まれる原子の数は，次のようにまとめることができます。

Si 原子〈酸化数 +4〉 → 基本単位の中心に 1 個

O 原子〈酸化数 -2〉 → 基本単位の頂点に 3 個分（先に導いたとおり）

$$\text{Si}_1 \text{O}_3$$

酸化数　+4　-2

これより，基本単位全体の酸化数は $(+4) \times 1 + (-2) \times 3 = -2$ となるため，輝石の化学式は SiO_3^{2-} と決定できます。

それでは，次の例にチャレンジしてみましょう。

例　雲母の構造から化学式を導く。

赤で囲んだ基本単位に注目してみましょう。

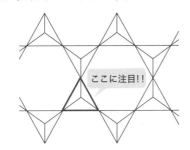

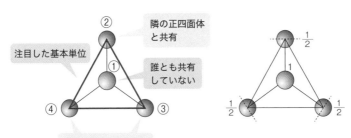

Si 原子 →　正四面体の中心に 1 個

O 原子 →　共有 $\left(\dfrac{1}{2} \text{個分}\right)$ が 3 つと専有が 1 個 →　計 $\dfrac{5}{2}$ 個分

酸化数 →　$(+4) \times 1 + (-2) \times \dfrac{5}{2} = -1$

　よって，化学式は $SiO_{\frac{5}{2}}^{-}$ となり，整数にするため 2 倍して $\underline{Si_2O_5{}^{2-}}$ と決まります。

以下の文章を読み，後の問いに答えなさい。

天然に石英として産出する二酸化ケイ素は，ケイ酸塩工業で広く用いられる原料物質である。①二酸化ケイ素に炭酸ナトリウムを加え，高温で融解させ，その後，水を加えて加熱すると，粘性の大きな水ガラスになる。これに塩酸を加えると，ゲル状のケイ酸が得られ，それを加熱脱水すると，シリカゲルが得られる。シリカゲルは多孔質の固体であり，乾燥剤などに用いられる。

単体のケイ素は，②高温で融解した二酸化ケイ素を炭素で還元して得られる。ケイ素はダイヤモンドと同じ結晶構造をしており，高純度のケイ素を用いて，アボガドロ定数を求めることができる。

問1　下線部①で起こる反応を，化学反応式で表しなさい。

問2　下線部②で起こる反応を，化学反応式で表しなさい。 ［学習院大］

\Point!/

SiO_2 からシリカゲルまでの反応の流れを頭の中で説明してみよう！

▶ 解説

まず，SiO_2 からシリカゲルまでの反応の流れは，以下のようになります。◀ \Point!/

$$SiO_2 \xrightarrow[Na_2CO_3]{NaOH または} Na_2SiO_3 \xrightarrow[熱]{H_2O} 水ガラス \xrightarrow{HClaq} H_2SiO_3 \xrightarrow{熱} シリカゲル$$

問1　上の一番最初の段階の化学反応式です。酸性酸化物の SiO_2 は塩基性の塩である Na_2CO_3 と反応し，Na_2SiO_3 を生じます（→ p.237）。

$$SiO_2 + Na_2CO_3 \longrightarrow Na_2SiO_3 + CO_2$$

問2　単体の Si は SiO_2 をコークス C で還元してつくります（→ p.233）。

$$SiO_2 + 2C \longrightarrow Si + 2CO$$

このとき発生する気体は，CO_2 ではなく，CO であることをしっかり復習しておきましょう。

▶ 解答

問1　$SiO_2 + Na_2CO_3 \longrightarrow Na_2SiO_3 + CO_2$

問2　$SiO_2 + 2C \longrightarrow Si + 2CO$

16講 | 15族

窒素化合物とリンの単体を中心に確認していきましょう。

1 窒素

1 窒素の単体の特徴と性質

重要TOPIC 01

窒素の単体の特徴と性質 説明①

・空気中で最も多く，無色無臭で非常に安定な気体
・工業的製法：液体空気の分留

説明①

窒素 N は同じ15族のリン P とともに，植物の生育に必要な元素で，肥料の三要素(N, P, K) の 1 つです。

窒素の単体 N_2 は気体であるため，基本的なことは 7 講で学んでいます。

例 水に不溶(水溶性の気体に含まれない→ p.98)。

実験室的製法は亜硝酸アンモニウムを加熱(→ p.96)。

$$NH_4NO_2 \longrightarrow N_2 + 2H_2O$$

ここでは，追加で確認しておくべき性質について見ていきましょう。

空気中で最も多く，無色無臭で非常に安定な気体

空気の体積の約78％を占めており，空気中で最も多い気体です(→ p.232)。

また，非常に安定なので，空気中で点火しても燃焼しません。

N_2 を反応させるには，ハーバー・ボッシュ法(触媒存在下，高温高圧で反応させる→ p.154)や火花放電(→ p.245)のように，条件を整える必要があります。

工業的製法は液体空気の分留

空気の体積の約78%が N_2（沸点 -196℃），約21%が O_2（沸点 -183℃）です。これら沸点の違いを利用し，工業的には液体空気の分留で N_2 を取り出します。

2 窒素の化合物の特徴と性質

重要TOPIC 02

窒素の化合物の特徴と性質

・NH_3 説明① ：蒸発熱が大きい（冷媒として利用）
　　　　　　　　　硝酸，肥料，尿素の製造などに利用
・NO 説明② ：空気と接すると容易に NO_2 に変化する
　　　　　　　　空気中の火花放電でも生じる
・NO_2 説明③ ：冷却すると一部が N_2O_4 に変化する
・HNO_3 説明④ ：酸化力が強い，感光性がある（褐色ビンに保存）

説明①

[1] アンモニア NH_3

アンモニア NH_3 は気体なので，基本的な性質は7講で学んでいます。

例　無色刺激臭・水に非常によく溶ける塩基性の気体（→ p.98）。
　　実験室的製法は NH_4Cl と $Ca(OH)_2$ の混合物を加熱（→ p.89）。

$$2NH_4Cl + Ca(OH)_2 \longrightarrow CaCl_2 + 2NH_3 + 2H_2O$$

ここでは，追加で確認しておくべき性質について見ていきましょう。

蒸発熱が大きい（冷媒として利用）

NH_3 は分子間に結合力の強い水素結合を形成するため，分子どうしが集まりやすく，容易に凝縮します。

凝縮しやすいということは，逆の状態変化にあたる蒸発が起こりにくい（蒸発熱が大きい）ということです。

$$NH_3（気） \xrightarrow{凝縮} NH_3（液）$$

分子がバラバラ　　　　分子が集まっている

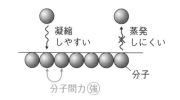

よって，蒸発するときには周囲から多くの熱を奪うため，製氷機の冷媒などに利用されています。

硝酸，肥料，尿素の製造などに利用

NH_3 は工業的にハーバー・ボッシュ法で合成します(→ p.154)。

$$N_2 + 3H_2 \rightleftharpoons 2NH_3$$

そして，合成された NH_3 は次のようなことに利用されています。

・硝酸 HNO_3 の工業的製法であるオストワルト法(→ p.154)

$$NH_3 + 2O_2 \longrightarrow HNO_3 + H_2O \quad (全体の反応式)$$

・肥料(硫酸アンモニウム$(NH_4)_2SO_4$などのアンモニウム塩)の製造

・尿素 $CO(NH_2)_2$ の製造

$$2NH_3 + CO_2 \longrightarrow CO(NH_2)_2 + H_2O$$

尿素樹脂(→有機化学編 p.332)などに利用

説明②

[2] 一酸化窒素 NO

一酸化窒素 NO は気体なので，基本的な性質は7講で学んでいます。

例　無色で水に不溶の中性の気体(水溶性の気体に含まれない→ p.98)。

実験室的製法は銅に希硝酸を加える(→ p.85)。

$$3Cu + 8HNO_3 \longrightarrow 3Cu(NO_3)_2 + 2NO + 4H_2O$$

ここでは，追加で確認しておくべき性質について見ていきましょう。

空気と接すると容易に NO₂ に変化する

NO(無色)は空気と接すると，空気中の O_2 と容易に反応して，NO_2(赤褐色)に変化します。この変化は，オストワルト法でも登場しています(→ p.154)。あわせて確認しておきましょう。

空気中の火花放電でも生じる

実験室的製法以外に，空気中の火花放電(落雷のような音と発光をともなう放電)でも生じます。

$$N_2 + O_2 \longrightarrow 2NO$$

[3] 二酸化窒素 NO_2

二酸化窒素 NO_2 は気体なので，基本的な性質は7講で学んでいます。

例　刺激臭・酸性・赤褐色の気体(→ p.98)。

温水と反応するときと冷水と反応するときで生成物が異なる(→ p.155)。

温水のとき　$3NO_2 + H_2O \longrightarrow 2HNO_3 + NO$ (オストワルト法)

冷水のとき　$2NO_2 + H_2O \longrightarrow HNO_3 + HNO_2$

実験室的製法は銅に濃硝酸を加える(→ p.84)。

$$Cu + 4HNO_3 \longrightarrow Cu(NO_3)_2 + 2NO_2 + 2H_2O$$

ここでは，追加で確認しておくべき性質について見ていきましょう。

冷却すると一部が N_2O_4 に変化する

NO_2(赤褐色)は不対電子をもつため，2分子が結合して四酸化二窒素 N_2O_4(無色)になり，次のような平衡が成立します。

$$2NO_2(赤褐色) \rightleftharpoons N_2O_4(無色)$$

$$2NO_2 = N_2O_4 + Q\text{kJ}$$

ルシャトリエの原理より，次のような変化が起こります。

・**冷却する(温度を下げる)**

平衡が右(発熱方向)へ移動し，N_2O_4 の割合が増えて赤褐色が薄くなります。

・**加熱する(温度を上げる)**

平衡が左(吸熱方向)へ移動し，NO_2 の割合が増えて赤褐色が濃くなります。さらに温度を上げると($140℃$以上)，NO_2 の分解により無色に変化していきます。

$$2NO_2(赤褐色) \rightleftharpoons 2NO(無色) + O_2$$

窒素酸化物は，NO や NO_2，N_2O_4 以外に，次のようなものがあります。

亜酸化窒素 N_2O：笑気ガスとして麻酔に利用

三酸化二窒素 N_2O_3：水に溶けて亜硝酸($N_2O_3 + H_2O \longrightarrow 2HNO_2$)

五酸化二窒素 N_2O_5：水に溶けて硝酸($N_2O_5 + H_2O \longrightarrow 2HNO_3$)

[4] 硝酸 HNO₃

硝酸 HNO_3 の基本的な性質は 1 講，3 講，10 講で学んでいます。

例 実験室的製法は硝酸ナトリウムに濃硫酸を加えて加熱(→ p.32)。

$$NaNO_3 + H_2SO_4 \longrightarrow HNO_3 + NaHSO_4$$

工業的製法はオストワルト法(→ p.154)。

$$NH_3 + 2O_2 \longrightarrow HNO_3 + H_2O \quad (全体の反応式)$$

ここでは，追加で確認しておくべき性質について見ていきましょう。

酸化力が強い

硝酸 HNO_3 は酸化力が強いため，イオン化傾向が H_2 より小さい Cu や Ag とも反応します(→ p.114)。

それだけではなく，非金属の単体(炭素 C，リン P，硫黄 S)も酸化してオキソ酸に変えます。

$$3C + 4HNO_3 + H_2O \longrightarrow 3H_2CO_3 + 4NO$$

$$3P + 5HNO_3 + 2H_2O \longrightarrow 3H_3PO_4 + 5NO$$

$$S + 2HNO_3 \longrightarrow H_2SO_4 + 2NO$$

感光性がある(褐色ビンに保存)

HNO_3 には感光性があるため，光が当たると分解して NO_2 に変化し，無色から淡黄色に変化していきます。よって，褐色ビンに保存します。

$$4HNO_3 \longrightarrow 4NO_2 + 2H_2O + O_2$$

次の文章を読み，あとの問いに答えなさい。

硝酸の水溶液は，強い酸性を示し，酸化作用が強い。例えば，<u>銀は濃硝酸と反応して溶ける</u>。しかし鉄やアルミニウムは濃硝酸に溶けない。これは，金属表面に緻密な酸化被膜ができて反応が進まなくなるためであり，このような状態を□□という。

問1　空欄にあてはまる適当な語句を記しなさい。

問2　下線部の反応の化学反応式を記しなさい。

問3　一酸化窒素は，ガソリンの燃焼過程で生成するほか，生体内でも産生することが知られている。実験室で発生させた一酸化窒素の捕集方法として適当なものを，次のア〜ウから選び，その記号を記しなさい。

　　ア　水上置換　　　イ　上方置換　　　ウ　下方置換

問4　長い間試薬ビンに保管していた濃硝酸をビーカーに移し，その色を観察したところ，淡黄色を帯びていた。保管中に起きた反応の化学反応式を記しなさい。

〔浜松医科大〕

\Point!/
酸化還元や気体など，さまざまなテーマを思い出そう !!

▶解説

問1　Fe，Ni，Al などの金属表面に緻密な酸化被膜ができた状態を<u>不動態</u>といいます。

問2　銀（金属の単体）は還元剤，濃硝酸は酸化剤なので酸化還元反応となります。それぞれの半反応式をつくってみましょう。◀ \Point!/

$$Ag \longrightarrow Ag^+ + e^- \quad \cdots (1) \qquad HNO_3 + H^+ + e^- \longrightarrow NO_2 + H_2O \quad \cdots (2)$$

　(1)＋(2)でできる式の両辺に NO_3^- を加えると，次のようになります。

$$Ag + 2HNO_3 \longrightarrow AgNO_3 + NO_2 + H_2O$$

問3　NO は水に不溶なので，<u>水上置換</u>で捕集します（→ p.98）。◀ \Point!/

問4　HNO_3 は感光性をもち，光が当たると NO_2 に変化していきます。

$$4HNO_3 \longrightarrow 4NO_2 + 2H_2O + O_2$$

▶解答　問1　**不動態**　　問2　$Ag + 2HNO_3 \longrightarrow AgNO_3 + NO_2 + H_2O$

　　　　問3　**ア**　　　　問4　$4HNO_3 \longrightarrow 4NO_2 + 2H_2O + O_2$

2 リン

1 リンの単体の性質と反応

重要TOPIC 03

リンの単体の性質と反応

黄リン P_4 と赤リン P（同素体）の性質の違いと製法

	黄リン 説明①	赤リン 説明②
性質	猛毒，淡黄色の固体， 空気中で自然発火（水中保存）， リン光，CS_2 に溶解	赤褐色の粉末， マッチ箱の側薬に利用される
製法	リン鉱石にケイ砂とコークスを混ぜて強熱	空気を遮断して黄リンを約250℃に加熱

　リン P の単体には**同素体**が存在します。ここでは，代表的な同素体である黄リン P_4 と赤リン P の性質と製法を確認していきましょう。

説明①

[1] **黄リン P_4**

猛毒の淡黄色固体

　黄リン P_4 は淡黄色で正四面体型の固体です。

　非常に毒性が強いため，取り扱いに注意が必要です。

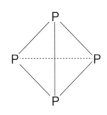

空気中で自然発火（水中保存）

　黄リンは，空気中で自然発火（発火点約35℃）するため水中に保存します（参照→ p.250）。

湿った空気中で青白く光る（リン光）

　黄リンは湿った空気中で青白く光り，これを**リン光**といいます。

二硫化炭素 CS₂ に溶解

黄リン P₄ は正四面体型の無極性分子なので，無極性溶媒の二硫化炭素 CS_2 に溶解します。

黄リン P₄ が自然発火する理由

黄リン P₄ の発火点は約35℃なので，真夏でない限り，通常は発火しないように思えます。

しかし，発火点に達していない環境でも黄リンは発火します。その理由は，黄リン P₄ が空気中で酸化され，この酸化の熱で発火点に達するためです。

では，なぜ黄リンは空気中で酸化されるのでしょうか。

それは，正四面体構造(結合角度60°)が不安定で，空気中の酸素を受け入れて，結合角度を大きくするためです。

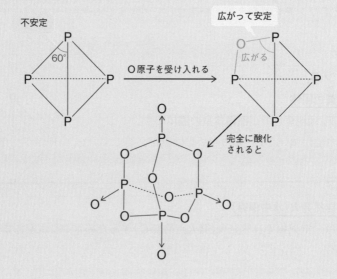

このように，黄リン P₄ は空気中で酸化され，十酸化四リン P_4O_{10} に変化します。

製法：リン鉱石にケイ砂とコークスを混ぜて強熱すると得られる

リン P は自然界にリン鉱石（主成分：リン酸カルシウム $Ca_3(PO_4)_2$）で存在しています。このリン鉱石にケイ砂（主成分 SiO_2）とコークス（主成分 C）を加えて強熱すると，黄リン P_4 が得られます。

$$2Ca_3(PO_4)_2 + 6SiO_2 + 10C \longrightarrow 6CaSiO_3 + 10CO + P_4$$

鉄の工業的製法（→ p.146），ケイ素の単体の製法（→ p.233）と同様，高温で C が共存しているため，CO_2 ではなく CO が発生していることを意識しておきましょう。

16 講

15 族

黄リン P_4 の製法の詳細

黄リン P_4 の製法の化学反応式の中身を詳しく確認してみましょう。

全体の反応式

$$2Ca_3(PO_4)_2 + 6SiO_2 + 10C \longrightarrow 6CaSiO_3 + 10CO + P_4$$

(ⅰ) $Ca_3(PO_4)_2$ が熱分解によって酸化カルシウム CaO と十酸化四リン P_4O_{10} に変化する

$$2Ca_3(PO_4)_2 \longrightarrow 6CaO + P_4O_{10}$$

(ⅱ) (ⅰ)で生じた CaO（塩基性酸化物）とケイ砂 SiO_2（酸性酸化物）が反応する

$$CaO + SiO_2 \longrightarrow CaSiO_3$$

(ⅲ) (ⅰ)で生じた P_4O_{10} がコークス C で還元されて P_4 が生成する

$$P_4O_{10} + 10C \longrightarrow P_4 + 10CO$$

(ⅰ)＋(ⅱ)×6＋(ⅲ)より，3 つの反応式をまとめると，全体の反応式になります。

説明②

[2] 赤リン P

空気を遮断して黄リン P_4 を加熱すると得られる赤褐色の粉末

空気中で黄リン P_4 を加熱すると P_4O_{10} に変化しますが，空気を遮断して加熱（約250℃）すると，赤褐色の赤リン P が得られます。

これは，加熱により黄リン P_4 の P－P 結合が切れ，他の分子と結合してできる巨大分子です。多数のリン原子が共有結合した複雑な構造をしているため，分子式のかわりに組成式 P で表されます。

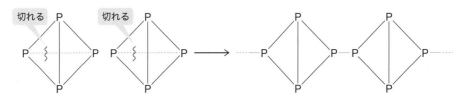

マッチ箱の側薬として利用されている

赤リン P はマッチ箱の側薬などに含まれています。

空気中では発火しませんが，マッチ棒との摩擦の熱によって発火し，マッチ棒の先端の火薬に引火します。

ここが
赤リン

② リンの化合物の性質と反応

重要TOPIC 04

リンの化合物の性質と反応

・P_4O_{10} 説明① ：リンの単体を空気中で燃焼させると生じる
吸湿性・脱水性をもつ（乾燥剤として利用）
水を加えて加熱するとリン酸が得られる
・過リン酸石灰 説明② ：$Ca_3(PO_4)_2$ と硫酸を反応させてつくられる肥料

説明①

[1] 十酸化四リン P_4O_{10}

リンの単体を空気中で燃焼させると生じる

$$4P + 5O_2 \longrightarrow P_4O_{10}$$

吸湿性・脱水性をもつ（乾燥剤に利用）

吸湿性や脱水性をもつため，気体の製法における乾燥剤（→ p.102）などに利用されます。

水を加えて加熱するとリン酸 H_3PO_4 が得られる

XO 型の P_4O_{10} に H_2O を加えて加熱すると，XOH 型の H_3PO_4 が生成します。

$$P_4O_{10} + 6H_2O \longrightarrow 4H_3PO_4$$

リン酸

無機化学全分野を通して何度も登場しましたね。XO 型を XOH 型に変えることができるか，オキソ酸の構造式をつくることができるか，再度確認しておきましょう（→ p.15）。

説明②

[2] 過リン酸石灰 $Ca(H_2PO_4)_2$ ＋ $CaSO_4$

リン酸カルシウム $Ca_3(PO_4)_2$ と硫酸 H_2SO_4 を反応させてつくられる肥料

リン P は肥料の三要素の 1 つで，根の生育に必要な元素です。P を含む肥料として，自然界に存在するリン鉱石が考えられますが，主成分の $Ca_3(PO_4)_2$ は水に不溶であるため，肥料としては利用できません。

そこで，$Ca_3(PO_4)_2$ を適量の H_2SO_4 と反応させ，水溶性のリン酸二水素カルシウム $Ca(H_2PO_4)_2$ と硫酸カルシウム $CaSO_4$ の混合物にしたものが肥料として利用されています。この混合物を**過リン酸石灰**といいます。

$$Ca_3(PO_4)_2 + 2H_2SO_4 \longrightarrow \underline{Ca(H_2PO_4)_2 + 2CaSO_4}$$
過リン酸石灰

Q 23. 過リン酸石灰をつくる反応式は何反応なの？

A 23. 弱酸遊離反応を利用していますが，硫酸の量が不足しているため，リン酸ではなくリン酸二水素イオン $H_2PO_4{}^-$ が遊離しています。

次の文章を読み，問1〜問3に答えよ。

リンは，リン鉱石（主成分：$Ca_3(PO_4)_2$）にケイ砂（主成分：SiO_2）とコークス（主成分：C）を混ぜたものを高温で反応させてつくられる。このときに発生したリンの蒸気を，水中で固化させると，□A□が得られる。この反応は式(1)のように表される。

$Ca_3(PO_4)_2 +$ □ア□ $SiO_2 +$ □イ□ C ⟶ □ウ□ $CaSiO_3 +$ □エ□ □B□ $+$ □オ□ CO ⋯(1)

□A□ は分子式□B□で表され，□C□中で自然発火する。一方，□C□を遮断して250℃で，□A□を加熱すると□D□になる。□D□を酸素中で燃焼させると，□E□になる。□E□を水に加えて加熱すると，□F□の結晶になる。

問1 □A□〜□F□にあてはまる語句を，次のa)〜i)からそれぞれ1つ選びなさい。

a) $Ca(H_2PO_4)_2$　b) P　c) P_4　d) 黄リン　e) 空気
f) 十酸化四リン　g) 赤リン　h) リン酸　i) リン酸カルシウム

問2 □ア□〜□オ□にあてはまる数を，次のa)〜g)からそれぞれ1つ選びなさい。同じ選択肢を何度使用してもよい。

a) $\dfrac{1}{3}$　b) $\dfrac{1}{2}$　c) 1　d) 2　e) 3　f) 4　g) 5

問3 下線部について，□D□の性質として誤りを含むものを，次のa)〜d)から1つ選びなさい。

a) □A□ と比べて融点が高い。　　b) □A□ と比べて密度が高い。
c) □A□ と比べて発火点が低い。　d) □A□ と比べて毒性が低い。

[上智大・改]

▶ **解説**

問1 リード文中に「自然発火」とあるため，Aは黄リン，BはP_4，Cは空気とわかります。また，下線部より，空気を遮断して250℃で黄リンを加熱して生成するのがDであるため，Dは赤リンとなります。そして，赤リンを酸素中で燃焼させるとE，Eに水を加えて加熱するとFになることから，Eは十酸化四リン，Fはリン酸となります。

問2 リンの単体の製法（→ p.251）参照。

問3 赤リンは発火点が高いため，空気中で自然発火しません。

▶ **解答**　**問1**　A…d)　B…c)　C…e)　D…g)　E…f)　F…h)
　　　　　問2　ア…e)　イ…g)　ウ…e)　エ…b)　オ…g)　　**問3**　c)

17講 | 16族

講義テーマ！

硫黄の単体や化合物を中心に確認していきましょう。

1 酸素

1 酸素の単体の特徴と性質

重要TOPIC 01

酸素の単体の特徴と性質

・酸素とオゾンの性質の違い

酸素 O_2 説明①	オゾン O_3 説明②
無色無臭 酸化力が弱い	淡青色・特異臭 酸化力が強い

・オゾンは酸素中で無声放電または紫外線(UV)照射で得られる

酸素 O はクラーク数第 1 位の元素です(→ p.141)。酸素の同素体には酸素 O_2 とオゾン O_3 があります。ここでは，それらの性質の違いに注目しながら確認していきましょう。

説明①

[1] **酸素 O_2**

酸素 O_2 は気体なので，基本的なことは 7 講で学んでいます。

例 実験室的製法は過酸化水素水に酸化マンガン(IV)を加える(→ p.95)。

$$2H_2O_2 \longrightarrow O_2 + 2H_2O \quad (MnO_2 \text{ は触媒})$$

または，塩素酸カリウムに酸化マンガン(IV)を加えて加熱する(→ p.95)。

$$2KClO_3 \longrightarrow 2KCl + 3O_2 \quad (MnO_2 \text{ は触媒})$$

ここでは，追加で確認しておくべき性質について見ていきましょう。

空気中で2番目に多く，無色無臭で酸化力が弱い気体

空気の体積の約21%を占めており，空気中で2番目に多い気体です。

$$窒素\ N_2 >\ 酸素\ O_2 >\ アルゴン\ Ar >\ 二酸化炭素\ CO_2$$

酸化力はありますが，弱いため，ヨウ化カリウムデンプン紙(→ p.99)での検出はできません。

工業的製法は液体空気の分留もしくは電気分解

空気の体積の約78%が N_2（沸点 $-196℃$），約21%が O_2（沸点 $-183℃$）です。工業的にはこれらの沸点の違いを利用し，液体空気の分留で O_2 を取り出します。これは N_2 の製法でもあります。

また，水の電気分解でも得ることができますが，水は電離度がきわめて小さく，ほとんど電離していません。そのため，電流が流れにくいので，電気分解に影響のない電解質（Na_2SO_4 など）を加えて行います。

$$陽極：2H_2O \longrightarrow O_2 + 4H^+ + 4e^- \qquad 陰極：2H_2O + 2e^- \longrightarrow H_2 + 2OH^-$$

説明②

[2] オゾン O_3

オゾン O_3 は気体なので，基本的なことは7講で学んでいます。

例 酸化力が強く，ヨウ化カリウムデンプン紙で検出可能(→ p.99)。

ここでは，追加で確認しておくべき性質について見ていきましょう。

淡青色・特異臭で酸化力が強い気体

オゾン O_3 は淡青色，特異臭の気体です。同素体の O_2 とは違い，酸化力が強いため，殺菌脱臭剤，漂白剤として利用されます。

また，ヨウ化カリウムデンプン紙を青変させることを復習しておきましょう。

酸化還元反応式も書いてみましょうね。

$$2KI + O_3 + H_2O \longrightarrow I_2 + 2KOH + O_2$$

酸素中で無声放電または紫外線照射で得られる

オゾン O_3 は酸素中で無声放電（音や光をともなわない放電）を行うか，紫外線（UV）照射することで得られます。

$$3O_2 \longrightarrow 2O_3$$

2 硫黄

1 硫黄の単体と同素体の性質

重要TOPIC 02

硫黄の単体の特徴と性質 説明①

・空気中で燃焼させると青い炎をあげる

・酸化剤◎としてはたらく

　→多くの金属と反応して硫化物をつくる

　→亜硫酸ナトリウムと反応し，チオ硫酸ナトリウムが生成する

同素体(斜方硫黄，単斜硫黄，ゴム状硫黄)の性質の違い 説明②

斜方硫黄 S_8	単斜硫黄 S_8	ゴム状硫黄 S_x
常温で最も安定 黄色の王冠型分子 CS_2 に溶解	高温で安定 斜方硫黄より低密度 CS_2 に溶解	不安定 弾性をもつ 無定形固体 CS_2 に不溶

硫黄 S の単体は石油の精製などで得られます。

同素体の性質の違いに注目しながら単体の性質を確認していきましょう。

説明①

[1] 硫黄の単体の特徴と性質

空気中で燃焼させると青い炎をあげる

　硫黄 S の単体を空気中で燃焼させると青い炎をあげ，二酸化硫黄 SO_2 に変化します。

$$S + O_2 \longrightarrow SO_2$$

　このとき，三酸化硫黄 SO_3 にはならないことを復習しておきましょう(接触法
→ p.158)。

酸化剤◎としてはたらく

硫黄 S の単体は酸化剤◎としてはたらくため，次のような反応が起こります。

・金属（Pt，Au を除く）の単体と反応して硫化物をつくる

金属の単体は還元剤Ⓡなので，酸化還元反応により硫化物が生成します。

例 鉄 Fe との反応

$$Fe + S \longrightarrow FeS$$

・亜硫酸ナトリウム Na_2SO_3 と反応してチオ硫酸ナトリウム $Na_2S_2O_3$ が生成する

Na_2SO_3（還元剤Ⓡ）と反応して $Na_2S_2O_3$ が生成します。

$$S + Na_2SO_3 \longrightarrow Na_2S_2O_3$$

$Na_2S_2O_3$ は理論化学で学ぶヨウ素滴定などに利用されます。

説明②

［2］同素体の性質の違い

硫黄 S の単体には，斜方硫黄 S_8，単斜硫黄 S_8，ゴム状硫黄 S_x があります。それぞれの性質を確認しておきましょう。

斜方硫黄 S_8

常温で安定な黄色の固体で，図のような王冠型の分子です。

無極性溶媒の二硫化炭素 CS_2 に溶解します。

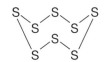

単斜硫黄 S_8

高温で安定な黄色の固体で，斜方硫黄と同様の王冠型の分子です。

高温では，分子の熱運動により分子間距離が大きくなり，それによって体積が増加するため，斜方硫黄より密度が小さいのが特徴です。

斜方硫黄と同様に，無極性溶媒の二硫化炭素 CS_2 に溶解します。

ゴム状硫黄 S_x

硫黄の融解液を加熱した後，水中に流し込んで急冷すると得られる不安定な無定形固体です。

加熱により $S-S$ 結合の一部が切れ，急冷すると元の王冠型に戻れず，他の分子と結合していくため，鎖状の無定形固体になります。

このようにしてできるゴム状硫黄 S_x は，弾性をもち(ジグザグしていて，引っぱったら伸びそうですね)，巨大分子なので二硫化炭素 CS_2 にも溶解しません。

❷ 硫酸の性質と反応

重要TOPIC 03

硫酸の性質と反応

・濃硫酸 [説明①] ：粘性が大きい，密度が大きい，不揮発性の液体
　　　　　　　　　吸湿性・脱水作用・溶解熱が大きい
　　　　　　　　　(希硫酸は多量の水に濃硫酸を加えてつくる)

・希硫酸 [説明②] ：強酸性

硫黄 S の化合物には硫化水素 H_2S や二酸化硫黄 SO_2 もありますが，知っておくべきことは7講を中心にすべて学んでいます。

例　H_2S の実験室的製法は硫化鉄(Ⅱ)に希硫酸や塩酸を加える(→ p.89)。

$$FeS + H_2SO_4 \longrightarrow FeSO_4 + H_2S$$

$$FeS + 2HCl \longrightarrow FeCl_2 + H_2S$$

SO_2 の工業的製法は S や FeS_2 を燃焼させる(接触法の原料→ p.158)。

$$S + O_2 \longrightarrow SO_2$$

$$4FeS_2 + 11O_2 \longrightarrow 2Fe_2O_3 + 8SO_2$$

ここでは，硫黄化合物として知っておくべきことが残っている硫酸 H_2SO_4 に注目していきましょう。

[1] 濃硫酸 H_2SO_4

濃硫酸に関しても 8 講や10講を中心に学んでいます。

例　酸化力が強くイオン化傾向が H_2 より小さい Cu や Ag とも反応（→ p.114）。

$$Cu + 2H_2SO_4 \longrightarrow CuSO_4 + SO_2 + 2H_2O$$

工業的製法は接触法（→ p.158）。

ここでは，追加で知っておくべき性質に注目して確認しましょう。

粘性が大きい，密度が大きい，不揮発性の液体

硫酸 H_2SO_4 はオキソ酸です。まずはその構造を書いてみましょう（→ p.10）。

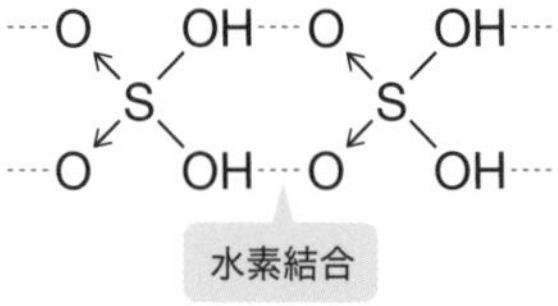

水素結合

これを見ると，硫酸分子どうしは，結合力の強い水素結合をたくさん形成することがわかります。これにより次のような性質をもちます。

・粘性が大きい

分子どうしが水素結合で強く結びつき，ドロドロしています。

・密度が大きい

分子どうしが水素結合でびっしり集まるため，密度が大きく（約$1.8\,g/cm^3$）なります。

・不揮発性（沸点が高い）

結合力の強い水素結合を多数もつため，沸点が高く不揮発性です。揮発性の酸遊離反応で濃硫酸を用いる理由です（→ p.32）。

例 $NaCl + H_2SO_4 \longrightarrow HCl + NaHSO_4$

吸湿性・脱水作用・溶解熱が大きい

濃硫酸の濃度は約98％と非常に高濃度で，水がたったの2％しか存在していません。よって，濃硫酸中の硫酸 H_2SO_4 はほとんど電離していません。

特に H_2SO_4 は電離定数 K_a が非常に大きいため，H^+ を投げる能力は高いのです。しかし，濃硫酸中には投げる相手（H_2O）がいないのです。そこで，濃硫酸は水を求める性質をもちます。

・吸湿性がある（乾燥剤に利用）

空気中にある水分を吸収する（吸湿性がある）ため，乾燥剤として利用されます。デシケーター（乾燥させておきたいものを保管する器具）に入れてあるのも，濃硫酸です。

濃硫酸の吸湿性で乾燥状態が保たれる ── 穴があいた仕切り
── ここに濃硫酸

・脱水作用がある

水がなくても，水をつくり出して奪う性質（脱水作用）があります。

例 ショ糖に濃硫酸を加えると脱水されて黒く変化（炭化）。

$$C_{12}H_{22}O_{11} \xrightarrow[H_2SO_4]{} 11H_2O + 12C$$

・溶解熱が大きい

濃硫酸は水に溶解すると，多量の熱を発生します。「発熱量が大きい」ということは「溶解前が非常に不安定」または「溶解後が非常に安定」ということです。

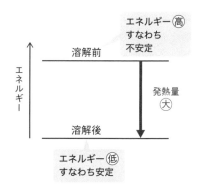

希硫酸のつくり方

希硫酸の正しいつくり方

多量の水に，ガラス棒を使って攪拌（かくはん）しながら濃硫酸を少しずつ加えていきます。

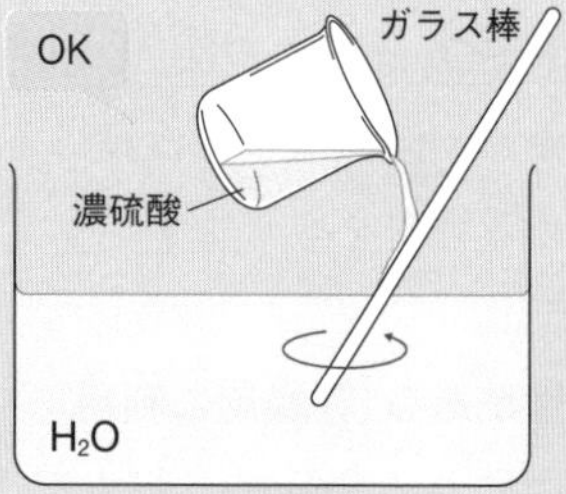

希硫酸の間違ったつくり方

濃硫酸に水を加えてはいけません。その理由は，比べて密度の小さい水が液面に浮き，溶解熱により水が突沸を起こし，濃硫酸とともに周囲に飛散し危険だからです。

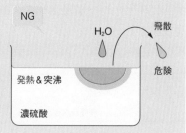

説明②

[2] 希硫酸 H_2SO_4

希硫酸中には十分の水があり，硫酸 H_2SO_4 はほとんど電離しているため強酸です。よって，弱酸遊離反応(→ p.25)などに使用されます。

例　$FeS + H_2SO_4 \longrightarrow H_2S + FeSO_4$

実践！ 演習問題 1 ▶標準レベル

硫酸には，(a)酸化作用，(b)吸湿性，(c)不揮発性，(d)脱水作用，(e)強酸性などの特徴がある。次の操作(ⅰ)～(ⅲ)により起こるそれぞれの反応は，硫酸のどの特徴によるものか。上記の特徴(a)～(e)から最も適切なものを選び，それぞれ記号で答えなさい。また，操作(ⅰ)～(ⅲ)により起こるそれぞれの反応を，化学反応式で示しなさい。

操作(ⅰ) ギ酸に濃硫酸を加えて加熱する。

操作(ⅱ) 銅に濃硫酸を加えて加熱する。

操作(ⅲ) 亜鉛に希硫酸を加える。 [横浜国大]

\Point!/
「強酸性」は希硫酸の性質！ それ以外は濃硫酸の性質!!

▶ 解説

(ⅰ) ギ酸 HCOOH に濃硫酸を加えて加熱すると，分解反応が進行し，CO と H_2O が生成します（→ p.95）。これは，濃硫酸の脱水作用を利用しています。

$$HCOOH \longrightarrow H_2O + CO$$

吸湿性との違いを徹底して確認しておきましょう（→ p.86）。

(ⅱ) Cu（金属の単体）は還元剤なので，濃硫酸は酸化剤としてはたらいています。すなわち，濃硫酸の酸化作用を利用しています。酸化還元反応式のつくり方に従って反応式をつくりましょう（→ p.51）。

$$Cu + 2H_2SO_4 \longrightarrow CuSO_4 + SO_2 + 2H_2O$$

(ⅲ) 希硫酸のもつ性質は強酸性しかありません。◀ \Point!/ 強酸性なので H^+ がたくさん存在し，Zn と H^+ の酸化還元反応が進行します（→ p.112）。

$$Zn + H_2SO_4 \longrightarrow ZnSO_4 + H_2$$

▶ 解答 (ⅰ) (d)．$HCOOH \longrightarrow H_2O + CO$

(ⅱ) (a)．$Cu + 2H_2SO_4 \longrightarrow CuSO_4 + SO_2 + 2H_2O$

(ⅲ) (e)．$Zn + H_2SO_4 \longrightarrow ZnSO_4 + H_2$

講義テーマ！

ハロゲンの単体や化合物の性質と反応を確認していきましょう。

1 ハロゲンの単体

1 ハロゲンの単体の特徴と性質

重要TOPIC 01

ハロゲンの単体の特徴と性質 説明①

	状態（常温）	色	酸化力	水との反応
F_2	気体	淡黄色	強	$2F_2 + 2H_2O \longrightarrow 4HF + O_2$
Cl_2	気体	黄緑色	↑	$Cl_2 + H_2O \rightleftharpoons HCl + HClO$
Br_2	液体	赤褐色		臭素水
I_2	固体	黒紫色	弱	水に不溶，KI 水溶液に溶解して褐色

説明①

ハロゲンの単体はすべて二原子分子です。

フッ素 F_2，塩素 Cl_2，臭素 Br_2，ヨウ素 I_2 で性質にどのような違いがあるのかに注目して確認していきましょう。

沸点，常温常圧での状態，単体の色

沸点	F_2	<	Cl_2	<	Br_2	<	I_2
常温常圧で	気体		気体		液体		固体
色	淡黄色		黄緑色		赤褐色		黒紫色

ハロゲンの単体は無極性分子なので，沸点はファンデルワールス力のみに依存します。すなわち，分子量の大きいものほど沸点が高くなります。

よって，分子量最小の F_2 が一番低く，分子量最大の I_2 が一番高くなります。

実際に，常温常圧での状態を確認すると，沸点の低い F_2 や Cl_2 は気体ですが，沸点の高い Br_2 や I_2 はそれぞれ液体，固体（昇華性）となっています。

物質の三態（固体・液体・気体）が同じ族にそろっているのは17族だけです。

状態，色ともに押さえておきましょう。

酸化力

$$F_2 \ > \ Cl_2 \ > \ Br_2 \ > \ I_2$$

ハロゲンの単体は酸化剤Ⓞとしてはたらきます。

 Ⓞ $X_2 + 2e^- \longrightarrow 2X^-$

そして，その強弱は，分子量が大きくなるほど弱くなります（→ p.268）。

この強弱を利用して，ハロゲンの単体がつくられます。

▣ 臭化カリウムに塩素を作用させると臭素が生成

  $2KBr + Cl_2 \longrightarrow Br_2 + 2KCl$

まず，「この反応が進行するかどうか」を考えてみましょう。

酸化還元反応とは次のような反応でしたね（→ p.44）。

 還元剤Ⓡ＋酸化剤Ⓞ $\longrightarrow$ 弱い酸化剤Ⓞ＋弱い還元剤Ⓡ

よって，反応物より強い酸化剤Ⓞや還元剤Ⓡが生じることはありません。

上の例であてはめてみると成立しているため，この反応は進行します。

 $2KBr + \underset{\text{酸化剤Ⓞ}}{Cl_2} \longrightarrow \underset{\text{弱い酸化剤Ⓞ}}{Br_2} + 2KCl$

逆反応は進行しないこともあわせて確認しておきましょう。

 $\underset{\text{弱い酸化剤Ⓞ}}{Br_2} + 2KCl \xrightarrow{\quad\times\quad} 2KBr + \underset{\text{酸化剤Ⓞ}}{Cl_2}$ 強弱関係が逆転

水素 H₂ との反応(X₂ + H₂ ⟶ 2HX)

F_2	>	Cl_2	>	Br_2	>	I_2
低温・暗所でも 激しく反応		光照射で 激しく反応		加熱・触媒で 反応		加熱・触媒で 少量反応

　酸化力が強いほど反応性も高くなるため，p.265の酸化力の強弱と反応性が一致していることがわかります。

水 H₂O との反応

F_2	>	Cl_2	>	Br_2	>	I_2
激しく反応 (O_2発生)		一部反応して 溶解する		わずかに反応して 溶解する		反応しないため 溶解しない

　H_2 との反応と同様に，酸化力と反応性が一致していますね。

　それでは，それぞれの反応を詳しく確認していきましょう。

・F₂ と H₂O の反応【2F₂ + 2H₂O ⟶ 4HF + O₂】

　この反応は非常に特殊です。酸素 O が酸化されているためです。

$$2F_2 + 2H_2O \longrightarrow 4HF + O_2$$

酸化数　　　　　　　 −2　　　　　　　　　　　　0

　酸素 O は通常，相手を酸化する側で，酸化される側ではありません。

　このように酸素 O を酸化できる(酸素 O から電子 e⁻ を奪うことができる)のは，唯一，酸素 O より電気陰性度 χ が大きいフッ素 F のみなのです。

・Cl₂ と H₂O の反応【Cl₂ + H₂O ⇌ HCl + HClO】

　塩素 Cl はフッ素 F のように酸素 O を酸化することはできませんが，酸化力が強いので，酸化還元反応が進行し溶解します。

　通常，ハロゲンの単体 X_2 が酸化剤◎としてはたらくとき，X^+ と X^- に分かれ，X^+ が e⁻ を奪いにやってきます。

　ここでも，通常どおり X^+ と X^- に分かれて H_2O の H⁺OH⁻ と結合しています。

$$Cl^+Cl^- + H^+OH^- \longrightarrow H^+Cl^- + Cl^+OH^-$$

オキソ酸は XOH 型ですが，HXO と表すため，通常は HClO

また，塩素 Cl の酸化数は増加したものと減少したものの両方があります。このような酸化還元反応を自己酸化還元といいます。

$$Cl_2 + H_2O \rightleftharpoons HCl + HClO$$

酸化数　0　　　　　　　　-1　$+1$

・Br$_2$ と H$_2$O の反応【$Br_2 + H_2O \rightleftharpoons HBr + HBrO$】

塩素と同様の反応が少しだけ進行するため，Br$_2$ は水に溶解します。

臭素水は，有機化学で「C＝C 結合，C≡C 結合の検出法」として頻出です（→有機化学編 p.92）。

・I$_2$ と H$_2$O の反応【反応しない】

I$_2$ は酸化力が弱く，H$_2$O と反応しません。よって，無極性分子の I$_2$ は極性溶媒の水に溶解しません。

しかし，I$_2$ は固体で反応しにくいため，溶媒に溶かす必要があります。I$_2$ の溶解に使用される溶媒には大きく分けて 2 種類あります。

①ヨウ化カリウム水溶液

I$_2$ は次のようにヨウ化物イオン I$^-$ と反応し，褐色の三ヨウ化物イオン I$_3^-$ に変化するため，ヨウ化カリウム水溶液 KIaq に溶解します。

$$I_2 + I^- \rightleftharpoons I_3^-$$

黒紫色　　　　　褐色！

問題で I$_2$ が出題されたときは，よく確認してみましょう。どこかに「ヨウ化カリウム水溶液」という言葉が入っている可能性が高いです。基本的に I$_2$ を使用するときは KIaq に溶解させて使用するためです。

よって，色を問われたら，黒紫色ではなく「褐色」が正解の場合が多いです。

②無極性溶媒

無極性分子の I$_2$ は四塩化炭素やヘキサン，ベンゼンなどの無極性溶媒に溶解します。

以上，ハロゲンの単体の性質や反応をまとめると次のようになります。

単体の性質・反応

	融点沸点	状態（常温）	色	酸化力	水素との反応	水との反応
フッ素 F_2	低	気体	淡黄色	強	低温・暗所でも激しく反応	激しく反応 **酸素発生**
塩素 Cl_2		気体	黄緑色		光照射で激しく反応	一部反応して溶解する
臭素 Br_2		液体	赤褐色		加熱・触媒で反応	わずかに反応して溶解する
ヨウ素 I_2	高	固体	黒紫色	弱	加熱・触媒で少量反応	反応しないため **溶解しない**

なぜハロゲンの単体の酸化力は分子量が大きいほど弱くなるのか

先述のとおり，ハロゲンの単体 X_2 が酸化剤◎としてはたらくとき，X^+X^- に分かれて X^+ が e^- を奪いにいきます。

$$X : | X \longrightarrow X^- + X^+ \qquad e^-$$

これが e^- を奪いにいく

このとき，原子の半径が大きいと正電荷と e^- までの距離が大きくなり，e^- を引きつける力が弱くなります。

以上より，分子量が大きいものほど e^- を奪う力，すなわち酸化力が弱いのです。

次の(1)〜(4)のうち，反応が進行するものをすべて選び，その化学反応式を記しなさい。

(1) KCl 水溶液と Br_2

(2) KI 水溶液と Cl_2

(3) KBr 水溶液と Cl_2

(4) KBr 水溶液と I_2

[弘前大]

\Point!/

ハロゲンの単体の酸化力は $F_2 > Cl_2 > Br_2 > I_2$!!

▶ 解説

酸化還元反応は「酸化剤Ⓞ＋還元剤Ⓡ ⟶ 弱い還元剤Ⓡ＋弱い酸化剤Ⓞ」です。

ハロゲンの単体は酸化剤Ⓞであるため，両辺の酸化剤Ⓞに注目すると，「左辺の酸化剤Ⓞより，右辺の酸化剤Ⓞの方が弱い」ということになります。

ハロゲンの単体の酸化力は $F_2 > Cl_2 > Br_2 > I_2$ の順であることを意識して，各反応を確認していきましょう。

(1) この反応が進行するなら，化学反応式は $2KCl + Br_2 \longrightarrow 2KBr + Cl_2$ となります。しかし，右辺の単体 Cl_2 が左辺の単体 Br_2 より酸化力が強いため◀ \Point!/，この反応は進行しません。

(2) この反応が進行するなら，化学反応式は $\underline{2KI + Cl_2 \longrightarrow 2KCl + I_2}$ となります。左辺の単体 Cl_2 が右辺の単体 I_2 より酸化力が強いため◀ \Point!/，この反応は進行します。

(3) この反応が進行するなら，化学反応式は $\underline{2KBr + Cl_2 \longrightarrow 2KCl + Br_2}$ となります。左辺の単体 Cl_2 が右辺の単体 Br_2 より酸化力が強いため◀ \Point!/，この反応は進行します。

(4) この反応が進行するなら，化学反応式は $2KBr + I_2 \longrightarrow 2KI + Br_2$ となります。しかし，右辺の単体 Br_2 が左辺の単体 I_2 より酸化力が強いため◀ \Point!/，この反応は進行しません。

▶ 解答

(2) $2KI + Cl_2 \longrightarrow 2KCl + I_2$ ， (3) $2KBr + Cl_2 \longrightarrow 2KCl + Br_2$

2 化合物

① ハロゲンの化合物の特徴と性質

重要TOPIC 02

ハロゲン化水素の特徴と性質 （説明①）

	沸点	水溶液	その他
HF	最も高い	弱酸	ガラス(SiO_2)と反応 ⇒ポリエチレン容器保存
HCl	（低）⬇	強酸	NH_3 接触で白煙
HBr		強酸	—
HI	（高）⬇	強酸	—

その他の化合物

・塩素酸類(オキソ酸) （説明②）

・ハロゲン化銀 （説明③）

ハロゲンの化合物として重要なのは，ハロゲン化水素 HX，塩素酸類(オキソ酸)，ハロゲン化銀 AgX です。それらの多くはすでに学んでいます。

・ハロゲン化水素(HF，HCl) → 揮発性の酸遊離反応(→ p.32)

・塩素酸類(オキソ酸) → 酸・塩基(→ p.8)

・ハロゲン化銀 AgX → 遷移元素(→ p.212)

ここでは，ハロゲン化水素 HX について，追加で確認しておくべき性質を確認していきましょう(最後に塩素酸類とハロゲン化銀のまとめの表があります)。

（説明①）

[1] ハロゲン化水素 HX

ハロゲン化水素には，フッ化水素 HF，塩化水素 HCl，臭化水素 HBr，ヨウ化水素 HI がありますが，これらの中で HF は特別な性質を示すことを意識しておきましょう。

沸点の高低

$$HF > HI > HBr > HCl$$

分子量最小　　　分子量が大きいほど沸点も高い

　通常，分子量が大きいものほどファンデルワールス力が強くなるため，沸点が高くなります。

　しかし，HF は分子量が一番小さいにもかかわらず，沸点が一番高くなっています。その理由は，分子間に結合力の強い水素結合を形成しているからです。

　HF 以外は，分子量が大きいものほど沸点も高くなっているのがわかりますね。

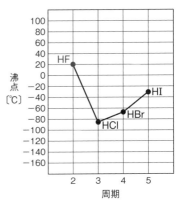

ハロゲン化水素酸の液性（酸性の強弱）

$$HFaq \ll HClaq < HBraq < HIaq$$

弱酸　　　　　　　強酸

・ハロゲン化水素の水溶液の名称

　ハロゲン化水素の水溶液は，化合物名の最後に「酸」をつけます。

例　HFaq「フッ化水素酸」

　　ガラス（SiO_2）と反応することを復習しておきましょう（→ p.235）。

　　HClaq「塩化水素酸（略して塩酸）」

　　ハロゲン化水素は純物質ですが，ハロゲン化水素酸はハロゲン化水素と水の混合物になるので注意しましょう。

・ハロゲン化水素酸の酸性の強弱

　HFaq のみ弱酸です。それは，分子間に結合力の強い水素結合を形成しており，水素イオン H^+ が電離しにくくなっているためです。

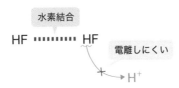

HFaq 以外はすべて強酸で，分子量の大きいものほど強い酸性を示します。その理由は，ハロゲン化物イオン X^- の安定性です。最外殻が大きいほど e^- が分散できて安定します。

Cl⁻，Br⁻，I⁻ で比較すると安定性は「$I^- > Br^- > Cl^-$」であり，ヨウ素 I が一番イオンになりやすいため，HIaq が最も強い酸(電離しやすい)となります。

説明②

[2] 塩素酸類(オキソ酸)のまとめ

詳細は酸と塩基(→ p.8)で復習しましょう。

オキソ酸 XOH	塩素の酸化数	酸の強さ	酸化物 XO XO + H₂O ⟶ XOH
次亜塩素酸 HClO	+1	弱	Cl_2O $Cl_2O + H_2O \longrightarrow 2HClO$
亜塩素酸 HClO₂	+3		Cl_2O_3 $Cl_2O_3 + H_2O \longrightarrow 2HClO_2$
塩素酸 HClO₃	+5		Cl_2O_5 $Cl_2O_5 + H_2O \longrightarrow 2HClO_3$
過塩素酸 HClO₄	+7	強	Cl_2O_7 $Cl_2O_7 + H_2O \longrightarrow 2HClO_4$

説明③

[3] ハロゲン化銀のまとめ

詳細は遷移元素(→ p.212)で復習しましょう。

ハロゲン化銀	水への溶解性		その他溶解性
AgF	溶解する		
AgCl	溶解しない	白色	NH₃aq に溶解 $[Ag(NH_3)_2]^+$
AgBr	溶解しない	淡黄色	NH₃aq に溶解しない
AgI	溶解しない	黄色	KCNaq, Na₂S₂O₃aq に溶解 $[Ag(CN)_2]^-$, $[Ag(S_2O_3)_2]^{3-}$

実践！ 演習問題 2 ▶標準レベル

以下の文章を読み，問いに答えなさい。

17族元素は総称して（　A　）とよばれ，原子は（　B　）個の価電子をもち，（　C　）価の陰イオンになりやすい。17族元素の単体と水素を反応させて生成した気体は水によく溶け，酸性を示す。元素アの場合は，この気体の水溶液は弱酸性を示し，(1)この気体は，アとイからなる化合物と硫酸を反応させてもつくることができる。(2)さらに，この気体の水溶液は，二酸化ケイ素を溶かす。

問1 A～Cに入る数字または語句を答えなさい。

問2 元素ア，イとして適切な元素を元素記号で答えなさい。

問3 下線部(1)および(2)の反応を化学反応式で表しなさい。

[学習院大]

\Point!/

HF は水素結合をもつため，特別な性質を示す!!

▶解説

問1 周期表17族の元素は A ハロゲン とよばれ，価電子が B 7 つのため C 1 価の陰イオンになりやすい性質をもちます。

問2 17族の元素の単体と水素を反応させて生成するのはハロゲン化水素です。ハロゲン化水素で水溶液が弱酸性を示すのは水素結合をもつ HF だけなので◀\Point!/，元素アはフッ素 F，そして，HF は揮発性の酸の気体なので，ホタル石 CaF_2 と濃硫酸による揮発性の酸遊離反応でつくります。よって，元素イはカルシウム Ca となります。

問3 (1) $CaF_2 + H_2SO_4 \longrightarrow 2HF + CaSO_4$

(2) HF の水溶液とあるので，フッ化水素酸とガラスの反応であることに気をつけましょう（→ p.235）。

$SiO_2 + 6HF \longrightarrow H_2SiF_6 + 2H_2O$

▶解答 **問1** A…**ハロゲン** B…**7** C…**1** **問2** 元素ア…**F** 元素イ…**Ca**

問3 (1) $CaF_2 + H_2SO_4 \longrightarrow 2HF + CaSO_4$

(2) $SiO_2 + 6HF \longrightarrow H_2SiF_6 + 2H_2O$

入試問題にチャレンジ

01

次の文章を読み，問1〜問6に答えよ。

周期表の $\boxed{(a)}$ 族に属する元素は一般にハロゲンとよばれ，いずれも $\boxed{(b)}$ 個の価電子をもつ。代表的なハロゲンとして，フッ素，塩素，臭素，ヨウ素がある。

①単体のフッ素(F_2)は水と激しく反応する。また，②フッ化水素の水溶液はフッ化水素酸とよばれ，ガラスの成分である二酸化ケイ素を溶かすので，ガラス製ではなくポリエチレン製の容器に保存する。

単体の塩素(Cl_2)の製法としては，さらし粉に塩酸を加える方法や，③酸化マンガン(Ⅳ)に濃塩酸を加えて熱する方法などがある。工業的には，④陽イオン交換膜によって仕切られた容器に塩化ナトリウム水溶液を入れ電気分解する方法がある。

Cl_2 は水と反応し，塩化水素と次亜塩素酸を生じる。次亜塩素酸はその殺菌作用から水道水の消毒に用いられる。また，衣類の漂白にも使われる。⑤次亜塩素酸を含む塩素系漂白剤と過酸化水素を含む酸素系漂白剤を混ぜると酸化還元反応が起こり，お互いの漂白作用を打ち消しあうことになる。

問1　$\boxed{(a)}$，$\boxed{(b)}$ に入る適切な数字を書け。

問2　下線部①，②，③および⑤の反応の化学反応式を，それぞれ書け。

問3　下線部④について，陽極および陰極で起こる反応を，それぞれ e^- を含む化学反応式で書け。

問4　フッ素，塩素，臭素，ヨウ素のうち，フッ素が最も大きい，あるいは高い値をもつ性質はどれか。次のア〜キから3つ選べ。

　　ア　原子量　　イ　電気陰性度　　ウ　単体の酸化力　　エ　単体の融点
　　オ　単体分子間にはたらく分子間力　　カ　水素化合物の沸点
　　キ　水素化合物を水に溶かしたときの酸の強さ

問5　単体の臭素(Br_2)は様々な有機化合物と反応する。次のア〜オのうち，室温で Br_2 を加えると付加反応を起こす化合物を1つ選べ。

　　ア　コハク酸　　イ　酒石酸　　ウ　フタル酸
　　エ　フマル酸　　オ　マロン酸

問6　ヨウ化カリウム水溶液とデンプン水溶液を混ぜて紙に塗ったものをヨウ化カリウムデンプン紙とよぶ。次のア〜オのうち，ヨウ化カリウムデン

プン紙を青紫色に変化させない物質を1つ選べ。

　ア　Cl_2　　イ　H_2O_2　　ウ　$KMnO_4$　　エ　NH_3　　オ　O_3

▶ 解説　　　　　　▶▶▶ 動画もCHECK

問1　周期表の(a)17族に属する元素は一般にハロゲンとよばれ，いずれも(b)7個の価電子をもち，1価の陰イオンになりやすい性質があります。

問2①　F_2 は酸化力が強く，他のハロゲンの単体とは異なり，水と反応して O_2 が発生します（→ p.266）。

　　$2F_2 + 2H_2O \longrightarrow 4HF + O_2$

②　フッ化水素 HF とフッ化水素酸 HFaq では反応式が異なるため，注意が必要です（→ p.235）。

　　$SiO_2 + 6HF \longrightarrow H_2SiF_6 + 2H_2O$

③　MnO_2（Ⓞ）と HCl（Ⓡ）の酸化還元反応です。酸化還元反応式のつくり方に従い，つくってみましょう。

　　$MnO_2 + 4HCl \longrightarrow MnCl_2 + 2H_2O + Cl_2$

　この Cl_2 の製法は，実験装置（→ p.86）もあわせて確認しておきましょう。

⑤　HClO（Ⓞ）と H_2O_2（Ⓡ）の酸化還元反応です。

　　$HClO + H^+ + 2e^- \longrightarrow Cl^- + H_2O$
　$+) \ H_2O_2 \longrightarrow O_2 + 2H^+ + 2e^-$
　$\overline{\qquad\qquad\qquad\qquad\qquad\qquad\qquad}$
$HClO + H_2O_2 \longrightarrow Cl^- + H_2O + O_2 + H^+$
$HClO + H_2O_2 \longrightarrow HCl + H_2O + O_2$

問3　陽極では，Cl^- が e^- を放出して Cl_2 が発生します。

　陽極　$2Cl^- \longrightarrow Cl_2 + 2e^-$

　陰極では，$H_2O(H^+)$ が e^- を受け取り OH^- が生じます。

　陰極　$2H_2O + 2e^- \longrightarrow H_2 + 2OH^-$

問4　フッ素 F は電気陰性度が最も大きい元素です。また，単体 F_2 は他のハロゲンの単体より酸化力が大きく，水素化合物 HF は分子間に水素結合を形成するため，沸点が高くなります。

問5　Br_2 は赤褐色ですが，C＝C や C≡C に付加すると無色になります。これを利用して，有機化学では C＝C や C≡C の検出に利用されています（→有機化学編 p.92）。

　与えられた選択肢の中で C＝C もしくは C≡C をもつのはフマル酸です。

ア…コハク酸
　　HOOC－CH_2－CH_2－COOH

イ…酒石酸

　　　　　OH　OH
　　　　　｜　　｜
　HOOC－C－C－COOH
　　　　　｜　　｜
　　　　　H　　H

ウ…フタル酸

　　　　COOH
　　　　COOH

エ…フマル酸

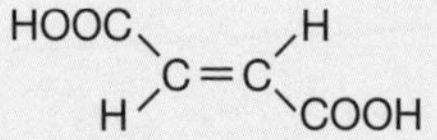

HOOC $\diagdown$ $\diagup$ H
    C=C
  H $\diagup$ $\diagdown$ COOH

オ…マロン酸

HOOC − CH$_2$ − COOH

問6 ヨウ化カリウムデンプン紙を青変させるのは，酸化力のある物質です。

酸化力をもつ物質と出会うことで，I⁻が酸化されてI_2に変化し，ヨウ素デンプン反応により青変します。

選択肢の中で酸化力をもたない物質は<u>NH$_3$</u>です。

ヨウ化カリウムデンプン紙は酸化力のある気体の検出に利用されています(→ p.99)。

▶ 解答　問1　(a)…17　　(b)…7

問2　①　$2F_2 + 2H_2O \longrightarrow 4HF + O_2$

　　　②　$SiO_2 + 6HF \longrightarrow H_2SiF_6 + 2H_2O$

　　　③　$MnO_2 + 4HCl \longrightarrow MnCl_2 + 2H_2O + Cl_2$

　　　⑤　$HClO + H_2O_2 \longrightarrow HCl + H_2O + O_2$

問3　陽極…$2Cl^- \longrightarrow Cl_2 + 2e^-$　　　陰極…$2H_2O + 2e^- \longrightarrow H_2 + 2OH^-$

問4　イ，ウ，カ

問5　エ

問6　エ

この問題の「だいじ」

・ハロゲンの単体，化合物の性質を押さえている。

・ハロゲンの単体や化合物が関わる反応の化学反応式をつくることができる。

02 硫酸の製法について，問1～問8に答えよ。なお，原子量は H = 1.0，O = 16，S = 32，Fe = 56 とする。

硫酸は，次の(i)～(iii)の反応から得ることができる。

(i) 硫黄または FeS_2 を燃焼させて，二酸化硫黄をつくる。

(ii) 二酸化硫黄を空気中の酸素と反応させて三酸化硫黄をつくる。

(iii) 三酸化硫黄を 98～99 ％の濃硫酸に吸収させ，その中の水と反応させる。

問1 このような硫酸の工業的製法を何というか，答えよ。

問2 (i)において FeS_2 を燃焼させて二酸化硫黄を発生させる反応および(ii)，(iii)の反応の化学反応式を示せ。

問3 (i)～(iii)のうち，触媒を必要とする反応を1つ選べ。また，その触媒として最も適切なものを次のア～カから選べ。

　　 ア Fe_2O_3 　 イ MnO_2 　 ウ Ni 　 エ Pt 　 オ Ti 　 カ V_2O_5

問4 (ii)は可逆反応である。三酸化硫黄の生成率を高めるためには，次のア～エのいずれの条件が適しているか選び，その記号を記入せよ。なお(ii)の反応は発熱反応であり，反応時間を十分に与えられるものとする。

　　 ア 高温・高圧 　 イ 高温・低圧 　 ウ 低温・高圧 　 エ 低温・低圧

問5 理論上，純粋な硫黄 6.4 kg から質量パーセント濃度 98 ％の硫酸は，最大で何 kg 生成できるか，有効数字2桁で求めよ。

問6 理論上，質量パーセント濃度 98 ％の硫酸を 10 kg つくるためには，FeS_2 は最小で何 kg 必要か，有効数字2桁で求めよ。

問7 次の(a)～(e)の現象や操作は，主に硫酸のどの性質によるものか。下の選択肢ア～サから最も適切なものをそれぞれ1つ選べ。

　　 (a) スクロース（$C_{12}H_{22}O_{11}$）に濃硫酸を加えると，炭素が遊離し炭化する。

　　 (b) 銅片に濃硫酸を加えて加熱すると，気体が発生する。

　　 (c) 炭酸ナトリウムに希硫酸を加えると，気体が発生する。

　　 (d) 食塩に濃硫酸を加えて加熱すると，気体が発生する。

　　 (e) デシケーターの底に濃硫酸を入れ，試料を保存する。

　　 【選択肢】 ア 酸化作用 　 イ 還元作用 　 ウ 強酸性 　 エ 弱酸性

　　　　　　　 オ 揮発性 　 カ 不揮発性 　 キ 潮解性 　 ク 吸湿性

　　　　　　　 ケ 脱水作用 　 コ 難溶性 　 サ 易溶性

問8 問7の(a)～(d)の現象をそれぞれ化学反応式で表せ。　　　　　　[名城大]

問1〜問3　濃硫酸の工業的製法である$_{問1}$接触法の流れを，問題文に従って確認してみましょう。

反応(i) S または FeS_2 を燃焼させて SO_2 をつくる。

$S + O_2 \longrightarrow SO_2$

$_{問2(i)}4FeS_2 + 11O_2 \longrightarrow 2Fe_2O_3 + 8SO_2$

反応(ii) SO_2 を空気中の O_2 と反応させて SO_3 をつくる。

$_{問2(ii)}2SO_2 + O_2 \longrightarrow 2SO_3$

(この反応は$_{問3}V_2O_5$ 触媒が存在するときに進行します。)

反応(iii) SO_3 を濃硫酸に吸収させてその中の H_2O と反応させる。

$_{問2(iii)}SO_3 + H_2O \longrightarrow H_2SO_4$

(この手順はしっかり復習しておきましょう。→ p.158)

問4　(ii)の反応が発熱反応であることが与えられているため，次のように表すことができます。

$2SO_2 + O_2 \rightleftharpoons 2SO_3 + Q\text{kJ} \quad (Q > 0)$

ルシャトリエの原理より，SO_3 の生成率を高める，すなわち平衡を右(発熱方向・mol 減少方向)に移動させるには，低温・高圧にすればよいことがわかります。

問5　S(原子量32)6.4 kg から 98％の濃硫酸(H_2SO_4 の分子量98)が x〔kg〕生成するとします。

(i)〜(iii)の過程で，再利用したり，S 原子をもつ化合物を加えていないので，S 原子の数に注目すると，S 1 mol から H_2SO_4 1 mol が生成します(→ p.158)。

$1S \longrightarrow 1H_2SO_4$

よって，次のように導くことができます。

$\dfrac{6.4}{32} = x \times \left| \dfrac{98}{100} \right| \times \left| \dfrac{1}{98} \right|$

溶液〔kg〕　溶質〔kg〕　溶質〔kmol〕

$x = 2.0 \times 10 \text{ kg}$

問6　問5と同様，(i)〜(iii)の過程で，再利用したり，S 原子をもつ化合物を加えていないので，FeS_2 1 mol から H_2SO_4 2 mol が生成します(→ p.158)。

$1 FeS_2 \longrightarrow 2 H_2SO_4$

よって，FeS_2(式量 120)y〔kg〕から 98％の濃硫酸(H_2SO_4 の分子量98)が 10 kg 生成したとすると，次のように導くことができます。

$\dfrac{y}{120} \times 2 = 10 \left| \dfrac{98}{100} \right| \times \left| \dfrac{1}{98} \right|$

溶液〔kg〕　溶質〔kg〕　溶質〔kmol〕

$y = 6.0 \text{ kg}$

問7・問8(a)　$C_{12}H_{22}O_{11}$ から H_2O をつくり出して奪うので，脱水作用が適切です。

$C_{12}H_{22}O_{11} \longrightarrow 12C + 11H_2O$

(b)　Cu は金属の単体で還元剤Ⓡなので，濃硫酸は酸化剤Ⓞとしてはたらき，SO_2 が発生します。よって，酸化作用が適切です。

$Cu + 2H_2SO_4$
$\longrightarrow CuSO_4 + SO_2 + 2H_2O$

(c)　希硫酸がもつ性質は強酸性しかありません。よって，Na_2CO_3(弱酸の塩)と弱酸遊離反応を起こし CO_2 が発生します。

$Na_2CO_3 + H_2SO_4$
$\longrightarrow Na_2SO_4 + CO_2 + H_2O$

(d)　NaCl は揮発性の酸(HCl)の Na 塩なので，濃硫酸(不揮発性)とは揮発性の酸遊離反応が進行し HCl が発生します。

$NaCl + H_2SO_4 \longrightarrow HCl + NaHSO_4$

(e)　デシケーターとは，物質を乾燥した状

態で保存する容器です(→ p.261)。濃硫酸 | に入れます。
には吸湿性があるため，乾燥剤として容器

▶ 解答　問1　接触法

　　　　問2　(i)　$4FeS_2 + 11O_2 \longrightarrow 2Fe_2O_3 + 8SO_2$

　　　　　　　(ii)　$2SO_2 + O_2 \longrightarrow 2SO_3$

　　　　　　　(iii)　$SO_3 + H_2O \longrightarrow H_2SO_4$

　　　　問3　反応…(ii)　　触媒…カ

　　　　問4　ウ

　　　　問5　2.0×10 kg

　　　　問6　6.0 kg

　　　　問7　(a)…ケ　　(b)…ア　　(c)…ウ　　(d)…カ　　(e)…ク

　　　　問8　(a)…$C_{12}H_{22}O_{11} \longrightarrow 12C + 11H_2O$

　　　　　　　(b)…$Cu + 2H_2SO_4 \longrightarrow CuSO_4 + SO_2 + 2H_2O$

　　　　　　　(c)…$Na_2CO_3 + H_2SO_4 \longrightarrow Na_2SO_4 + CO_2 + H_2O$

　　　　　　　(d)…$NaCl + H_2SO_4 \longrightarrow HCl + NaHSO_4$

この問題の「だいじ」
・接触法を理解している。
・文章や反応式からその反応における硫酸の性質を判断することができる。

03 次の炭素に関する文章を読み，問1〜問5に答えよ。

炭素は周期表14族に属し，原子は (a) 個の価電子をもつ。炭素の単体には性質の異なる (b) として，室温では電気伝導性を示さない無色透明な結晶である (c) ，電気伝導性を示す黒色結晶である黒鉛や，あるいは黒鉛の微小結晶が不規則に集まった (d) などが存在する。最近では，分子式 C_{60} などの球状分子である (e) の性質が注目され，その応用展開が期待されている。

炭素の酸化物のひとつである一酸化炭素は，①熱したコークスに高温の水蒸気を送ることにより工業的につくられている。高濃度の一酸化炭素の吸入により中毒症状があらわれるため，②人体にとって猛毒な気体とされる。高温では，より安定なもうひとつの酸化物である③二酸化炭素に変わる性質がある。二酸化炭素は，生物の呼吸などでも生成し，大気中にも含まれる。工業的には，④石灰石を強熱することにより得られる。二酸化炭素の固体は， (f) とよばれ，室温では容易に (g) し，周囲から熱を奪う性質をもつことから冷却剤などに利用されている。

問1 空欄 (a) 〜 (g) にあてはまる最も適切な語句あるいは数字をそれぞれ記せ。

問2 下線部①を化学反応式で記せ。

問3 下線部②の理由を50字以内で記せ。

問4 下線部③の性質を工業的に利用した例として，鉄の精錬があげられる。関連する以下の問に答えよ。

(1) 一酸化炭素を用いた鉄の精錬を1つの化学反応式で表せ。

(2) 現在，鉄の精錬を含む製鉄過程に排出される温室効果ガスを削減する取り組みが行われている。鉄の精錬過程における温室効果ガスの排出を削減するためには，どのような化学変化を用いるとよいか。100字以内で記述せよ。ただし，化学式中の原子は1種類で1文字，また，イオンの場合は価数も含めて1文字とする（例：NH_3 は2文字，Na^+ は1文字）。

問5 下線部④を化学反応式で記せ。

[防衛医大]

問1〜問3・問5　炭素に関する問題文を順に確認していきましょう。

炭素Cの単体

炭素Cは周期表14族に属し，原子は_{問1(a)}4個の価電子をもちます。

Cの単体には性質の異なる_{問1(b)}同素体として，_{問1(c)}ダイヤモンド(無色透明・電気伝導性なし)，黒鉛(黒色結晶・電気伝導性あり)，_{問1(d)}無定形炭素(黒鉛の微小結晶が不規則に集まったもの)，_{問1(e)}フラーレン(球状分子)などが存在します。

一酸化炭素CO

一酸化炭素COは工業的に，熱したコークス(主成分C)に高温の水蒸気を送ることによりつくられています。

_{問2}$C + H_2O \longrightarrow CO + H_2$

生じる混合気体は水性ガスとよばれています。

このCOは人体にとっては猛毒の気体です。赤血球中のヘモグロビンは酸素分子O_2と結合し，肺から全身へ酸素を運搬する役割を担っていますが，COが存在すると_{問3}COがヘモグロビンと結合するため，酸素の運搬ができなくなってしまうためです。

二酸化炭素CO_2

CO_2は工業的に石灰石$CaCO_3$を強熱することで得られます。

_{問5}$CaCO_3 \longrightarrow CaO + CO_2$

アンモニアソーダ法(→ p.131)や鉄の精錬(→問4)がその例です。

CO_2の固体は_{問1(g)}昇華性をもつ分子結晶で，_{問1(f)}ドライアイスとよばれ，冷却材などに利用されています。

問4　鉄の精錬について，反応を順に確

認していきましょう。

鉄の精錬

鉄は天然に，赤鉄鉱(主成分Fe_2O_3)や磁鉄鉱(主成分Fe_3O_4)などの鉄鉱石で存在し，単体はこれを還元することで得られます(→ p.146)。

$Fe_2O_3 \longrightarrow Fe_3O_4 \longrightarrow FeO \longrightarrow Fe$

このとき利用されるのがCOの還元力です。COは高温で還元力を示しCO_2へと変化します。

_{問4(1)}$Fe_2O_3 + 3CO \longrightarrow 2Fe + 3CO_2$

このとき生じるCO_2は温室効果ガスであるため，削減するためのさまざまな対策が世界的に進んでいます。

高校化学の範囲で，かつ化学反応式を求められているので，以下の(i)や(ii)の方法が適切な解答として考えられます。

(i)CO_2が発生しない方法を利用する

COのかわりにH_2を使って還元することでCO_2の発生を防ぐことができます。

_{問4(2)}$Fe_2O_3 + 3H_2 \longrightarrow 2Fe + 3H_2O$

現在，脱炭素に向け，燃料電池自動車など水素エネルギーの活用の研究が進んでいます。

(ii)生じたCO_2を取り除く

CO_2は酸性の気体なので，塩基に吸収させると取り除くことができます(本問では，みなさんが思いつく代表的な塩基であるNaOHなどで反応式を書くことができればよいと思います)。

_{問4(2)}$2NaOH + CO_2 \longrightarrow Na_2CO_3 + H_2O$

塩基に吸収させるのではなく，生じたCO_2を地中に貯留する(CCS)方法もあります。

(iii)生じるCO_2を有効利用する

CO_2 を利用して CH_4 や C_2H_4 などの有
機物を合成するなど，有効利用する方法の

研究開発も進んでいます。

▶ **解答** 問1 (a)…4   (b)…同素体   (c)…ダイヤモンド
(d)…無定形炭素   (e)…フラーレン   (f)…ドライアイス
(g)…昇華

問2 $C + H_2O \longrightarrow CO + H_2$

問3 酸素のかわりに一酸化炭素が赤血球中のヘモグロビンと結合し，全身への酸素
の運搬ができなくなるため。

問4 (1) $Fe_2O_3 + 3CO \longrightarrow 2Fe + 3CO_2$

(2) $Fe_2O_3 + 3H_2 \longrightarrow 2Fe + 3H_2O$ のように CO を使わずに酸化鉄を還元する
と H_2O が生成し，CO_2 は排出されない。
または $2NaOH + CO_2 \longrightarrow Na_2CO_3 + H_2O$ のように，発生した CO_2 を塩
基に吸収して取り除くとよい。

問5 $CaCO_3 \longrightarrow CaO + CO_2$

この問題の「だいじ」

・化学の知識を使って考えることができる。
・環境問題などに興味・関心をもって向き合っている。

さくいん

□ 編集協力　㈱オルタナプロ　㈱一校舎　山本麻由
□ 本文デザイン　二ノ宮匡(ニクスインク)
□ 図版作成　藤立育弘
□ 動画制作　㈱巧芸創作

シグマベスト
坂田薫の化学講義
[無機化学]

本書の内容を無断で複写 (コピー)・複製・転載することを禁じます。また，私的使用であっても，第三者に依頼して電子的に複製すること (スキャンやデジタル化等) は，著作権法上，認められていません。

編　者	文英堂編集部
発行者	益井英郎
印刷所	岩岡印刷株式会社
発行所	株式会社文英堂

〒601-8121　京都市南区上鳥羽大物町28
〒162-0832　東京都新宿区岩戸町17
(代表)03-3269-4231

© 坂田薫　2021　　　Printed in Japan

●落丁・乱丁はおとりかえします。